大数据存储安全

DASHUJU CUNCHU ANQUAN

主编◆谢雨来　冯　丹　王　芳

華中科技大學出版社
http://press.hust.edu.cn
中国·武汉

内容简介

随着数据的爆发式增长，大数据存储安全变得日益重要和具有挑战性。本书从大数据概念、存储器、云存储安全到新兴技术等方面综合性地介绍了大数据存储安全的各个方面，让读者能够全面了解该领域的知识体系和发展趋势。同时，书中引用了大量实际案例，这些有助于读者理解大数据存储安全在实际场景中的应用，提升读者运用存储安全知识解决实际问题的能力。

图书在版编目(CIP)数据

大数据存储安全 / 谢雨来，冯丹，王芳主编．-- 武汉：华中科技大学出版社，2024. 8.
ISBN 978-7-5772-1225-8

Ⅰ. TP309.3

中国国家版本馆 CIP 数据核字第 2024TG4730 号

大数据存储安全
Dashuju Cunchu Anquan

谢雨来　冯丹　王芳　主编

策划编辑：范　莹
责任编辑：陈元玉
封面设计：原色设计
责任监印：周治超
出版发行：华中科技大学出版社(中国·武汉)　电话：(027) 81321913
武汉市东湖新技术开发区华工科技园　邮编：430223
录　　排：孙雅丽
印　　刷：武汉市洪林印务有限公司
开　　本：787mm×1092mm　1/16
印　　张：9.75
字　　数：188 千字
版　　次：2024 年 8 月第 1 版第 1 次印刷
定　　价：39.80 元

前言

在数字化浪潮的推动下，大数据已经成为现代社会的基石。无论是政府、企业还是普通用户，都在不断地生成、处理和利用数据。随之而来的是大数据安全的严峻挑战，这些挑战涉及个人隐私保护、数据完整性、访问控制等多个方面。为了应对这些挑战，对大数据及其存储的安全性要求也日益提高。正是出于这样的背景和需求，本书应运而生，旨在为读者提供一本系统、深入且实用的大数据存储安全指南。

本书的编写从基础知识到先进技术，从理论探讨到实际应用，旨在帮助读者构建起一套完整的知识体系。在这本书的创作过程中，汇集了来自学术界与工业界的最新研究成果和实践经验，以期使内容兼具深度与广度，既有严谨的学术分析，也有丰富的实操案例。

第1章“大数据及大数据安全介绍”，将带领读者了解大数据的基本概念、类型以及安全应用的重要性。通过对核心概念的剖析和应用场景的探讨，为后续章节的深入学习打下坚实的基础。

第2章“存储器及安全问题介绍”，详细解读了存储体系结构的基础知识、常用存储器的类型及其安全威胁。存储器作为数据保存的关键设备，其安全性直接关系到数据的安全与完整性，因此对相关机理的理解至关重要。

第3章“常用的存储安全技术”，将聚焦于如何保护存储设备中的数据安全，包含具体的事例分析、常用安全技术、内存安全和分布式存储安全等内容。这些内容不仅有助于理解当前存储安全的技术现状，而且指引了未来存储安全技术的发展方向。

第4章“云存储安全”着重讨论了云计算环境下的数据安全问题，涵盖云数据中心安全、数据的安全删除和去重以及云边协同安全机制等话题。云计算作为现代计算架构的重要组成部分，其存储安全自然不容忽视。

第5章“溯源存储安全”介绍了溯源技术的概念和应用，重点讨论了基于溯源技术的入侵检测与数据重建技术。溯源技术作为一种有效的安全手段，其在存储安全领域发挥着越来越重要的作用。

第6章“存储安全与新兴技术”，展望了区块链、联邦学习、人工智能等新兴技术与存储安全相结合的可能性和创新点。随着技术的不断进步,存储安全领域也在不断迎来新的机遇与挑战。因此,本书不仅覆盖了当前存储安全的主流技术和方法,还着眼于未来和新兴交叉技术,通过案例探讨,希望能够激发读者的思考,促进创新解决方案的产生。

与国内外同类书相比,本书的主要特点在于全面覆盖了大数据存储安全的不同方面,包括大数据概念、存储器、云存储安全以及新兴技术等。同时,特别关注了存储器及存储安全问题,以及溯源存储安全这一特定领域的研究。书中引用了大量实际案例和应用场景,以帮助读者更好地理解大数据存储安全的实际应用和挑战。对于新兴技术如区块链、联邦学习和人工智能与存储安全之间关系的深入探讨,使得该书更具前瞻性和创新性。

本书适合信息安全领域的专业人士、大数据和云计算从业者、计算机科学及相关专业的学者和学生使用。我们希望本书能成为您探索大数据存储安全世界的一盏明灯,为您的学习和研究提供有价值的参考和指导,让我们共创数据安全防护的新篇章。

编者

2024年5月

目录

第1章

大数据及大数据安全介绍

1.1　大数据概念

在计算机科学领域中，数据特指计算机执行操作的基础元素，以字符或符号的形式存在，并可以通过电信号进行存储和传输。大数据则是指无法在可接受的时间内使用常规软件进行高效获取、存储、管理和分析的数据集合。大数据通常包括结构化数据（如数据库中的条目）与非结构化数据（如社交媒体帖子、视频和音频）。其特点是数据体量大，一般在10 TB到PB级别之间。大数据需要采用较先进的技术和方法来进行处理和分析，如分布式计算、数据挖掘、数据仓库等。

大数据产生的途径一般有以下三点。

1. 网络连接的世界涌现出大数据

1）互联网和社交网络产生数据

现代网络社会中，人们使用智能手机或者电脑等设备，通过电子邮件、即时通信软件等产生数据；用户在社交和媒体平台上传文本或者多媒体内容来生成内容（UGC）数据；通过网上银行、在线交易平台等行为产生交易数据；用户的网上搜索、浏览行为也产生各类浏览数据，如图1-1(a)所示。

2）在物联网上采集和观测数据

传感器、遥感器、照相机等设备随时捕捉到的数据。例如：数码相机拍的照片，智能手机的显示位置，陀螺仪、加速传感器产生的数据；气象卫星传回的卫星图像和气象数据；智能汽车的摄像头、雷达等收集的环境信息等，如图1-1(b)所示。

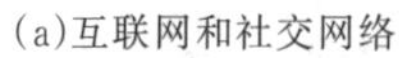
(a)互联网和社交网络

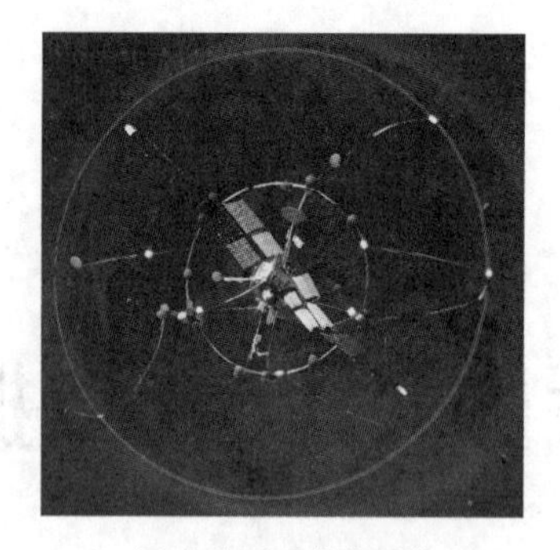

(b)北斗卫星导航系统

图1-1　网络连接产生大数据示例

2. 大科学工程产生了大数据

在物理学领域，美国大数据研究计划中专门列出寻找希格斯玻色子（“上帝粒子”）的试验，其中用到的强子对撞机隧道如图1-2所示。在实验装置启动后，传感器每秒能够捕获约四千万个快照。整个实验设备中，这样的传感器约有1.5亿个，每天能产生5×10^{10}字节的数据。在天文学领域，天文学家通过观测和分析大量的天体数据，比如天文望远镜产生的数据，可以揭示宇宙的奥秘，包括星系的形成和演化、黑洞、暗物质等未知领域。如“斯隆数字天空勘探计划”以每天200 GB的速率收集数据，到2012年已收集超过140 TB数据。在生物和医疗领域，专家通过对基因组、蛋白质组等生物大分子的研究，以及医疗机构产生大量医疗记录数据，包括病人信息、诊断结果、治疗方案等，产生了大量的生物医疗数据。这些数据的分析和挖掘，有助于研究人类的遗传疾病，提高医疗水平和效率，为精准医疗、基因编辑、药物研发、医学研究等领域提供支持。在社会科学领域，研究人员通过收集和分析大规模的数据，比如消费者行为、社交网络数据等，揭示了社会运转的规律。如图1-3所示，在这些领域的新兴技术和应用会催生大量数据。

图1-2　强子对撞机隧道

（图片来源：https://case.ntu.edu.tw/blog/?p=29396）

一般而言,大数据具有“5V”特征(见图1-4),具体表现如下。

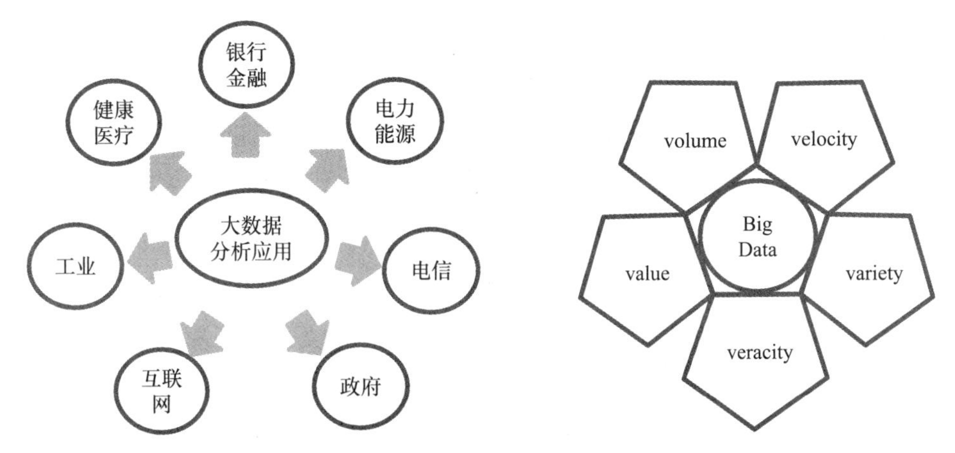

图1-3　新技术与新应用催生大数据　　**图1-4　大数据的“5V”特征**

(1)容量(volume)。大数据体量非常庞大,并且数据量持续增长,如图1-5所示。但是从大数据的概念来看,“大”具有相对性,即随着计算机科技的发展,计算机的存储量、单位时间算力等设备性能逐步提高,未来的大数据可能是指PB、ZB级以上的数据量。由大规模具有相关性的数据对象构成的集合,称为“数据集”,通常用于机器学习、数据挖掘、统计分析等领域。数据集可以是数字、文本、图像、音频或视频等形式的数据,用于训练和测试机器学习算法与模型。

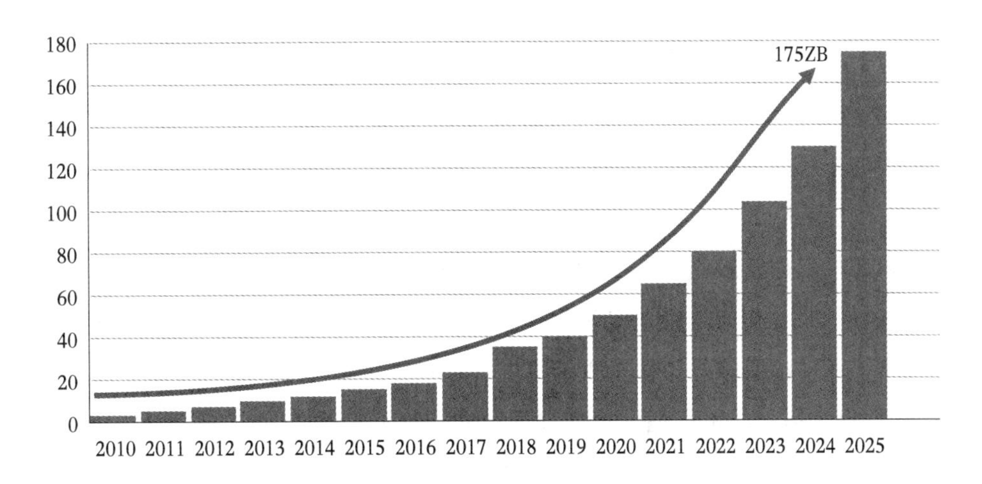

图1-5　数据量增长趋势

(数据来源:IDC(International Data Corporation))

(2)速率(velocity)。速率是指获得数据的速度。大数据的数据生成和流动速度快,需要快速处理和分析,以便能够及时获取有价值的信息。这通常需要高性能的计算和存储系统。

(3) 多样性(variety)。大数据包括各种不同类型的数据。这些不同类型的数据需要不同的处理和分析方法。一般根据数据是否具有一定的模式、结构和关系对大数据构成的数据集分为三类:结构化数据、非结构化数据、半结构化数据。

(4) 真实性(veracity)。大数据需要准确、可靠和客观的数据,以便能够信任和使用这些数据。这需要对数据进行有效的校验和审核,以确保数据的准确性和可信度。

(5) 价值(value)。数据的价值密度相对较低,大数据的分析提取工作如淘金一般。大数据中真正有价值的数据占比非常低,需要通过有效的数据处理和分析方法来发掘出数据的潜在价值。而价值与数据的处理时间相关,如图 1-6 所示。随着时间的流逝,原本有价值的数据可能会变得没那么重要。

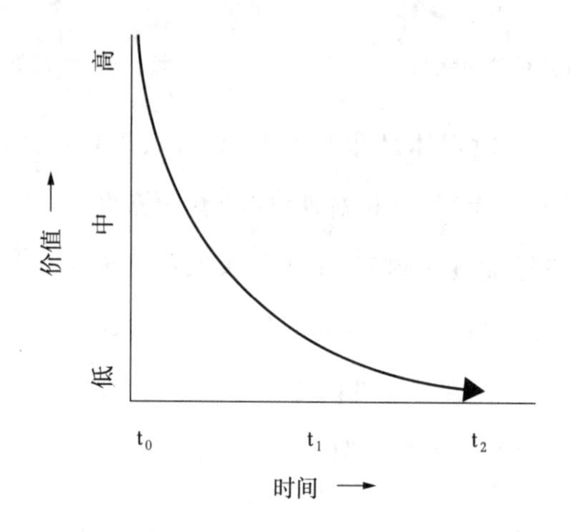

图 1-6　数据价值与处理时间的相关性

根据数据是否具有一定的模式、结构和关系,大数据可分为三种基本类型:结构化数据、非结构化数据、半结构化数据。

结构化数据是指遵循一个标准的模式和结构存储的数据。任何可以固定格式存储、访问和处理的数据都被称为结构化数据。结构化数据可以使用关系型数据库来表示和存储。例如,一个学生的信息可以包括学号、姓名、年龄、性别等,这些数据都是结构化的,可以通过数据库进行存储和查询。

非结构化数据是指不遵循统一的数据结构或模型的数据,任何具有未知性或结构的数据都被归类为非结构化数据,如音/视频信息等。非结构化数据在互联网中占比最大,增长速度也更快,不方便采用逻辑表现,一般直接整体进行存储,在进行计算机分析时具有挑战性。

半结构化数据是指具有一定的结构性,但本质上不具有关系型,介于完全结构化数据和完全非结构化数据之间的数据,也不严格遵循固定结构的数据。这类数据通常在某些方面具有可预测性,但并非完全可预测。例如,电子邮件、文本文件、网页等,都可以被认为是半结构化数据，因为它们具有一定的结构（例如，邮件通常包含发件人、收件人、主题、正文等部分），但又在某些方面可能存在灵活性（例如，邮件的正文可以是任何内容）。一个XML文件可能包含多个元素和属性，每个元素和属性之间的关系不是固定的，可以根据需要进行调整和扩展。

半结构化数据模型是为了有效地处理和利用这种类型的数据而设计的一种数据模型，例如OEM（object exchange model）就是一种典型的半结构化数据模型。在半结构化数据模型中，数据的结构和属性可以变化，可以包含复杂的嵌套结构，还可以包含非结构化的元素。此外，半结构化数据模型允许用户在处理数据时进行某种程度的自主定义和灵活操作，从而可以在一定程度上满足多样化的数据处理需求。

分析大数据常用的方法有四种：描述型分析、诊断型分析、预测型分析和指令型分析。描述型分析是最常见的分析方法，是根据数据分析当前的状态。例如，统计公司可根据每月的收入、支出、债务等情况来判断当前公司的盈亏状态。诊断型分析是描述型分析的下一步，通过评估描述型数据，进一步分析数据产生的原因。预测型分析是根据描述型分析和诊断型分析的结果，进一步预测未来事件发生的概率，在充满不确定性的环境下，预测能够帮助做出更好的决定。指令型分析是上述三种分析方法完成后使用的分析方法，可帮助用户决定应该采取什么措施。四种数据分析方法的价值与复杂性的关系如图1-7所示。

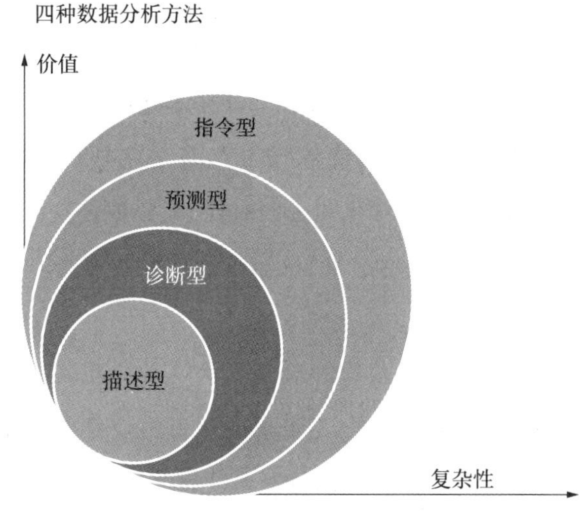

图1-7 分析方法的价值与复杂性关系图

大数据还可与其他新兴技术相结合，如下。

（1）物联网是指利用各种信息感应装置、无线射频识别技术、卫星定位系统（如北斗、GPS）、激光扫描器等多种设备，对任何需要监测、连接、交互的对象或过程进行实时采集，并通过各种可能的网络访问，将这些信息与互联网相连接，从而建立起一种与物品相连接的庞大的分布式协作网络,从而达到物与物、物与人的泛在连接、智能感知、识别与管理的目的。物联网的核心与基石依然是互联网,它是基于互联网的一种扩展与拓展,它的用户终端已经扩展到了任何物体与物体之间,实现了信息的交流与沟通。

物联网与大数据有着密切的关系。首先,物联网的发展推动了大数据的进步。物联网中的各种设备、传感器和系统每天都在生成大量的数据,这些数据如果能够被有效收集和分析,将为智慧城市等应用领域提供有价值的信息。例如,通过分析智能家居设备的用电模式,可以调整电网的运行效率;通过分析城市的交通流量数据,可以优化交通路线和信号灯配置,提高交通运行效率。

(2) 云计算通过部署IT资源(包括网络、服务器、存储、应用服务等),并将资源作为可按使用量付费订购的服务,通过虚拟化和动态扩展的特点,为用户提供便利的计算和存储资源的获取和使用方式。首先,云计算提供了大规模的计算资源,可以帮助企业处理和分析大数据。云计算提供了弹性、可扩展的计算能力,可以随着数据量的增长而增加计算资源。此外,云计算还提供了大量的存储空间和工具,可以帮助企业存储和管理大数据。

(3) 人工智能(artificial intelligence,AI)是一门研究、开发、实现和应用智能的科学技术,旨在使计算机和机器具备一定程度的人类智能,以便执行某些复杂的任务,甚至超越人类的智能水平。人工智能领域涉及多个学科,包括计算机科学、数学、控制论、语言学、心理学、生物学、哲学等。人工智能可以应用于机器人、智能家居、自动驾驶汽车、医疗保健、金融服务等多个领域。"知识"可以在本地服务器或者在云端累计存储,对知识的恰当运用就是"智能"。数据就是"知识",算法就是"智能",要实现人工智能,数据这种"知识"首先是基础,在数字化和云的时代,大数据使这个基础变得极其庞大,而人工智能使这些知识能够被运用起来,机器自己在大数据中学习并生成算法,从而形成"智能"。

(4)区块链是一种将交易信息保存在区块中的一种分布式记账技术,采用加密技术对其进行加密,以确保数据的安全与不可篡改。每一块都包含大量的事务,以及上一块的哈希值,从而构成一条不断发展的链。区块链技术可以有效地消除第三方进行交易。基于其分布的本质,我们可以在网络的各个节点上查看交易记录的加密签名,以确认它们没有被变更。这将大大降低大数据认证的成本。区块链在安全性与质量上,将会改变人类保存关键信息的方式。大数据时代,区块链技术将有更广泛的应用前景。例如,在金融领域,特别是在风险控制和客户画像方面,大数据为区块链技术的应用提供了重要的支持和补充。

1.2　大数据的安全应用

随着互联网和计算机技术的不断进步,大数据技术的应用越来越广泛。然而,大数据也面临着许多威胁和挑战,它是一个很明显的网络攻击对象。在互联网环境下,由于海量数据所带来的关注日益增多,因而成为一个巨大的靶子。大数据不仅是指数量巨大的数据,同时也意味着是更加复杂和敏感的数据。这也意味着攻击者的技术将变得更加娴熟。因此,我们需要更加重视数据的安全保护,并且采取一些有效的安全措施,例如数据加密、访问控制等。这些数据会吸引更多潜在的攻击者,成为更具吸引力的目标。例如,一些黑客可能会试图窃取你在社交媒体上的个人资料,或者从你的电子邮件中获取你的用户名和密码。这些攻击可能会带来隐私泄露、身份盗窃等问题。因此,需要采取一些措施来保护大数据。

网络空间中的数据来源多种多样,涵盖范围极其广泛,从日常的社交媒体交互、在线购物行为,到企业之间的数据共享和协作,再到政府机构的公开数据等。这些数据汇聚在一起,不可避免地增加了用户隐私泄露的风险。这些数据在为企业带来巨大商业价值的同时,也带来了个体隐私泄露的风险。个人数据被非法获取、滥用或泄露,会对用户的隐私和安全构成严重威胁。

对企业而言,数据是非常宝贵的财富,尤其是大量的数据。借助大数据技术,企业能够挖掘宝贵的商业价值。在这个大数据的时代,企业越来越依赖大数据技术来分析市场趋势,以提升业务运营效率,甚至挖掘出新的商业价值。通过大数据分析,企业可以更深入地了解客户的需求和行为,从而制定出更精准的市场策略。然而,大数据技术的应用也并非完全没有风险。如果大数据应用过程中不注重保护个体隐私,可能会导致用户的个人信息被黑客或其他恶意方获取和利用。

黑客可以利用大数据技术进行精准攻击,通过收集和分析大量的网络数据,识别出潜在的受害者,并对其发起针对性的攻击。黑客可能会伪装成合法的用户,骗取他人的个人信息,或者利用被盗的信息进行欺诈活动。这种攻击方式不仅针对性强,而且难以被传统的安全防护措施所识别和防范。

搜索引擎就是一个很好的例子。搜索引擎是大数据应用的典型代表,可以收集、分析和组织各种数据。而搜索引擎服务提供商所持有的大数据并不仅仅用于搜索引擎服务,同时也涉及个人隐私信息的收集和分析。黑客们会针对搜索引擎漏洞进行入侵和攻击,获取个人敏感信息。根据CSDN的调查结果,在大数据平台中主流的搜索引擎有Splunk、Solr和Elasticsearch三种,占比如图1-8所示。

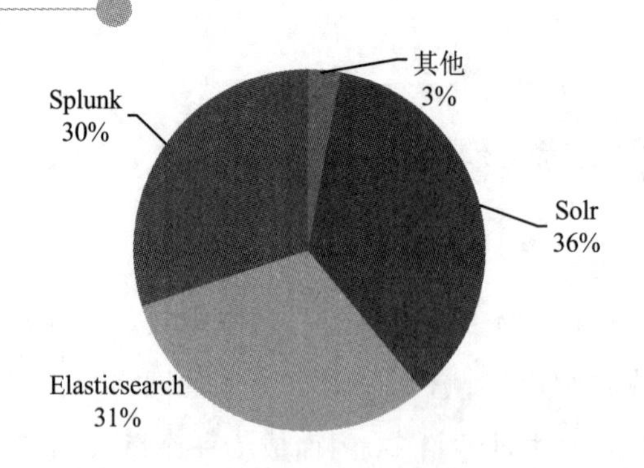

图 1-8 搜索引擎使用占比

在这样的背景下,大数据风险管理具备相关的启示和应用意义。企业应当重视大数据的安全保护,加强数据的安全管控,如采用密码保护、数据加密、备份和灾难恢复等措施,同时加强安全培训。企业应该了解自身的业务特点,寻找可能存在的大数据风险点,制定相应的应对策略,并定期开展风险评估。针对漏洞问题,企业应该加强漏洞扫描和修复,以及加强内部员工教育,避免内部人员制造漏洞。大数据的数据收集和存储的部署结构如图 1-9 所示。针对不同的阶段,有着不同的安全威胁,具体如下。

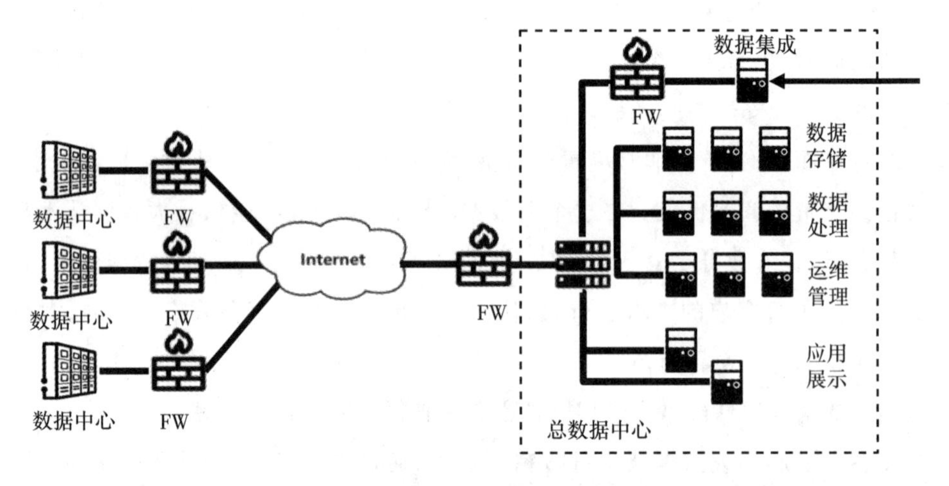

图 1-9 大数据的数据集成和存储的部署结构

1. 拒绝服务攻击

拒绝服务(denial of service,DoS)是一种网络攻击手段,旨在通过超负荷请求或其他方式使目标系统无法正常提供服务。虽然拒绝服务攻击不直接窃取大数据信息,但是可以用于攻击大数据系统及其服务。如果大数据系统遭受持续的拒绝服务攻击,可能导致系统无法正常运行,从而使数据无法处理或访问,导致系统资源耗尽,使得攻击者能够在系统崩溃前获取未经授权的数据。拒绝服务攻击会导致系统资源被消耗,可能影响其他正常用户的使用体验。具体的安全防护策略应根据具体的大数据系统架构和需求进行定制化设计,并且定期进行安全风险评估和漏洞扫描,及时修复和升级系统。

2. 认证授权能力弱

大数据平台在当今的数字化时代中发挥着至关重要的作用,大数据平台的各个组成部分通常采用开源框架来构建,使用开源框架可以为其提供丰富的功能和灵活性。然而,安全问题却常常被忽视,给平台带来了严重的风险。

在众多可能的安全隐患中,超级用户权限的滥用是一个突出的问题。例如,攻击者可以利用Hadoop分布式文件系统(HDFS)的超级用户权限轻松窃取数据。如果攻击者成功获取了超级用户权限,那么他们可以随意查看、修改甚至删除平台上的数据,造成不可估量的损失。

另一个潜在的安全风险是密码泄露。如果攻击者能够获取管理员的用户名,他们就可能通过猜测、暴力破解或利用已知的安全漏洞来绕过密码验证,从而获得对大数据平台的访问权限。一旦攻破防线,攻击者便能随意访问和窃取平台上的敏感数据,包括个人隐私、企业机密甚至国家安全信息。

为了解决这些安全问题,可以采取以下措施来提升大数据平台的安全性。首先,针对超级用户权限的问题,可以通过修改配置文件来禁用超级用户权限。这样可以防止未经授权的用户获取超级用户权限,从而保护数据的安全性。其次,对于密码泄露的风险,可以使用密码加密传输数据。这样,即使攻击者窃取到传输中的密码,也无法直接获得原始密码,这增加了密码被破解的难度。

3. 数据无加密

数据加密是一种通过特定的算法和技术,将原始数据转换为不可读或无法直接使用的格式,从而保护数据安全,防止非法人员利用的技术手段。通过加密,即使数据在传输或存储过程中被窃取,攻击者也无法获取到原始数据的内容,从而极大地降低了数据泄露的风险。

然而,由于大数据技术目前还处于初步阶段,许多大数据平台中使用的开源软件对于安全问题的意识还不够深入,因此,大数据平台中的存储和传输一般都是使用明文。这就意味着,一旦这些数据被泄露,无论是由于内部人员的疏忽,还是由于外部攻击者的侵入,都将给用户带来巨大的损失。这种损失可能是经济上的,也可能是个人隐私或企业机密上的。例如,如果企业的客户数据被泄露,可能会导致客户隐私的暴露,进而引发法律纠纷和信誉受损。如果敏感的企业数据被泄露,可能会对企业的运营和竞争地位产生重大影响。这种情况下,一旦数据泄露,将给用户带来巨大的损失。

为降低这种风险，数据加密将是必要举措。

因此，采取必要的数据加密措施是至关重要的。首先，对于所有敏感和重要的数据，都应在其生命周期的各个阶段进行加密。这包括数据的存储、传输和处理过程。其次，应选择经过广泛验证的加密算法和协议，以确保加密的强度和可靠性。此外，对于大数据平台使用的开源软件，应积极进行安全审计和漏洞扫描，及时发现并修复可能存在的安全漏洞。

4. 内部窃密

攻击者可以通过运维管理入侵到数据存储系统中，对数据进行窃取或污染。大数据平台中，内部权限管理机制及授权机制都是存在缺陷的，对于能够轻易接触到系统底层的内部人员来说，获取数据就变得轻而易举。在大数据平台上，内部权限管理机制和授权机制普遍存在漏洞。这些漏洞可能包括以下几方面：

权限管理不严格：有些内部人员可能拥有过高的权限，使他们可以轻松地访问和操作数据。如果这些权限没有得到有效的管理和监控，就可能导致数据的泄露或被污染。

授权机制不完善：在某些情况下，数据的访问和操作权限没有得到合理的分配，导致一些敏感数据被不必要地暴露给某些内部人员。这些人员可能利用这些权限进行不当操作，如窃取数据或进行恶意修改。

数据保护措施不足：由于大数据平台上的数据量大且复杂，许多数据保护措施可能没有得到有效的实施。例如，加密存储、访问控制、审计跟踪等安全措施如果没有得到正确的设置，就可能使得内部人员可以轻易地获取敏感数据。

内部人员道德风险：有些内部人员可能利用职务之便或其他途径获取敏感数据，并将其用于不正当的目的。

这些漏洞和风险的存在，使得攻击者可以通过运维管理入侵到数据存储中，对数据进行窃取或污染成为可能。攻击者可以利用这些漏洞，通过运维管理通道进入数据存储系统，并窃取或篡改数据。

为了解决这些问题，大数据平台应该加强内部权限管理和授权控制机制的建设和完善。首先，要严格控制内部人员的权限级别，避免过高权限的存在。其次，要建立完善的授权机制，确保敏感数据的访问和操作权限仅分配给必要的人员。同时，加强数据保护措施的实施，如加密存储、访问控制和审计跟踪等。此外，对于内部人员要进行必要的道德风险教育和培训，提高他们的道德意识和责任感。这些措施可以有效地减少内部人员对数据的非法获取和操作的可能性，从而保护大数据平台的数据安全。Symantec公司的调查发现，数据泄露的来源中，内部人员泄露占比高达63%。同时，提高员工的数据安全意识也是重要的一环。应定期进行数据安全培训和演练,使员工了解数据泄露的风险和应对方法,从而降低内部泄露的风险。

要保证大数据的安全,需要先了解大数据的安全标准体系,如图1-10所示。该体系包括基础类标准、平台和技术类标准、数据安全类标准、服务安全类标准和行业应用类标准。

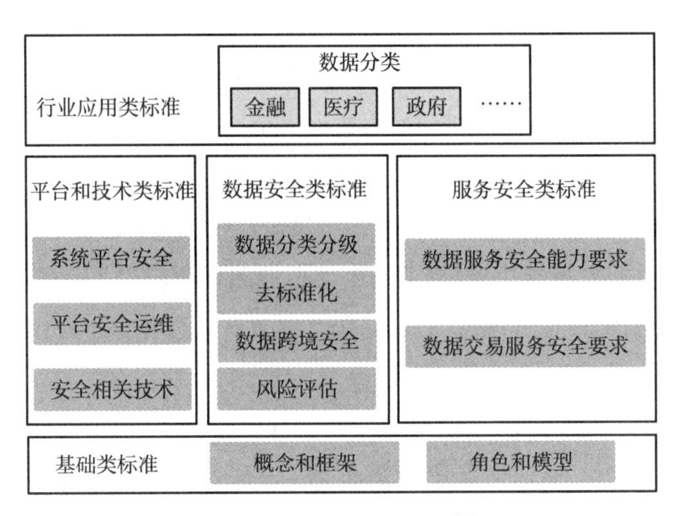

图1-10 大数据安全标准体系

(1) 基础类标准:这些标准为整个大数据安全标准体系提供了基础框架,明确了相关术语和参考架构。这些标准包括大数据安全体系架构、大数据安全技术参考框架、大数据安全流程和管理参考框架等。

(2) 平台和技术类标准:这些标准涉及大数据平台和技术方面的标准和规范,包括系统平台安全、平台安全运维和安全相关技术三个部分。其中,系统平台安全标准规定了大数据系统的物理、网络、系统、应用等方面的安全要求;平台安全运维标准关注大数据平台的安全运维和管理规范;安全相关技术标准则针对与大数据安全相关的技术要求进行规范,例如加密、认证、访问控制等。

(3) 数据安全类标准:这些标准关注数据安全管理和技术标准,涵盖数据生命周期的各个阶段,包括数据分类分级、去标准化、数据跨境安全、风险评估等内容。其中,数据分类分级标准明确了数据的分类和级别,为后续的数据安全管理和保护提供了依据;去标准化标准关注如何将数据中的个人隐私信息进行去标准化处理,以保护个人隐私;数据跨境安全标准规定了跨境数据流动的安全要求和合规性要求;风险评估标准则针对大数据系统的风险进行评估和管理,为大数据系统的安全管理和保护提供依据。

(4) 服务安全类标准:针对大数据服务过程中的各种活动和要素制定相应的安全

标准,包括数据服务安全能力要求、数据交易服务安全要求等。其中,数据服务安全能力要求标准规定了大数据服务提供商的安全能力要求,包括服务提供商的资质、技术实力、服务质量等方面的要求;数据交易服务安全要求标准则关注数据交易过程中的安全要求和合规性要求。

(5) 行业应用类标准:这些标准根据不同行业应用大数据的场景制定相应的规范和标准,指导相关的大数据安全规划和运营工作。例如,金融行业的大数据安全标准需要考虑金融业务的安全性和可靠性;医疗行业的大数据安全标准需要关注个人隐私保护和医疗数据的安全性;政府机构的大数据安全标准则需要考虑国家安全和政府信息的安全性等方面。

大数据安全标准体系是一个多层次、多方面的标准体系,包括了基础类标准、平台和技术类标准、数据安全类标准、服务安全类标准和行业应用类标准等多个方面的内容。这些标准的制定和实施,将有助于提高大数据系统的安全性、稳定性和可靠性,保障大数据产业的健康发展。

图 1-11 数据安全分级机制

根据安全标准体系,可以设计如图 1-11所示的数据安全分级机制,包括基础级数据安全和可选级数据安全。

基础级数据安全可包括以下几方面:

(1) 身份认证。在复杂的云环境中,单点登录是解决身份认证和管理问题的一种方案。为了应对多云环境下的单点登录身份认证问题,有学者对GSS-EAI机制进行了拓展,提出了一种可在企业内部或联盟内部实现跨云端的、有效的单点登录认证机制。为应对云计算环境下复杂的攻击手段,可引入多因素认证作为补充,进一步提升了认证的安全性。确保在大数据平台下,只有经过身份验证的用户才能够访问平台中的数据、资源和应用程序。多因素身份认证可以通过短信、邮件、软证书等方式实现,以增加认证的安全性。

(2) 访问控制。访问控制是管理用户对平台资源的访问权限的重要手段。大数据平台一般使用主流的访问控制机制,例如:基于角色的访问控制和基于属性的访问控制,以实现更细粒度的访问控制,并防止未经授权的访问和数据泄露。基于属性加密的访问控制技术是一种以密文为基础的对象访问控制技术,其主要分为两种,一种是基于密文策略的属性加密,另一种是基于密钥策略的属性加密。

而在大数据环境下,基于角色访问控制和加密技术相结合的数据安全存储机制只允许满足身份访问控制的角色对数据进行解密和读取,该情况下的角色一般是分级的,解密密钥的长度是固定不变的。

(3) 溯源审计。大数据平台在保证数据操作安全方面,主要通过审计日志记录平台中的所有数据操作。安全审计系统在大数据平台中被广泛使用,常见的Hadoop生态组件都可以通过配置来开启审计日志功能。通过各部分审计的协同工作,大数据平台能够有效地记录和分析数据操作的安全情况,提供全面的安全审计功能,帮助管理员及时发现和应对安全事件,保障大数据平台的安全性。

可选级数据安全包括以下几方面:

(1) 数据加密。对于一些重要的或敏感的数据,可以选择使用数据加密技术来保护数据的安全性。数据加密可以在数据的存储、传输和访问等环节实现,包括磁盘加密、文件加密、网络传输加密等。目前有两种主流的加密技术:同态加密和可搜索加密。

同态加密技术能够在保证数据隐私的前提下,对数据进行处理。同态加密技术为大数据处理提供了数据安全保障,但要满足实际应用的要求,还需深入研究如何提升同态加密的安全性与计算效率。另外,常规的加密方法难以对数据进行索引,从而降低了数据的可用性。为了解决这一问题,提出了一种基于可搜索加密数据的方法。当前,可搜索加密技术可以划分为两大类,即对称可搜索加密技术和不对称可搜索加密技术。

(2) 数据备份恢复。为了确保数据的可靠性和完整性,大数据平台应该实现数据备份和恢复功能。备份策略应该根据平台的特点和实际需求制定,包括备份频率、备份方式、备份存储等,以确保数据的安全。

(3) 数据销毁。在某些情况下,某些不再需要的数据应该被销毁,以防止数据泄露和不当使用。大数据平台应该实现数据销毁功能,并采用可靠的方法和技术来确保这些数据无法被恢复。

针对安全架构中的数据安全机制,需要大数据安全生态中多种技术组件结合使用来保证大数据的安全,大数据安全技术的体系架构如图1-12所示。监控管理组件实时分析集群服务审计日志、审计预警用户行为,常用的开源监控软件和项目包括Cloudera Manager、Hadoop User Experience、Apache Ambari和Apache Eagle,其中Apache Eagle是一个用于大数据安全监控的开源平台,可以实时监控和分析Hadoop集群中的数据访问和操作,提供实时警报和可视化的分析报告。边界安全组件限制只有合法身份的用户可以访问集群。访问控制组件定义了什么样的用户和应用可以访问数据。数据透明属于数据治理中的要求,需要报告数据从哪来以及如何使用。数据加密主要保护集群敏感数据,避免数据泄露。Hdfs Encryption是一个用于对Hadoop分布式文件系统(HDFS)中的数据进行加密的软件,它使用AES-256算法对数据进行加密和解密,以保护数据的机密性和隐私性。Ranger KMS是Apache Ranger项目中的一个模块,用于管理和维护密钥,支持多种加密算法和密钥长度,提供REST API和UI,方便用户进行密钥的管理和查询。Ranger KMS还支持多租户和多用户的环境,可以为不同的用户和应用程序提供不同的密钥和访问控制策略。

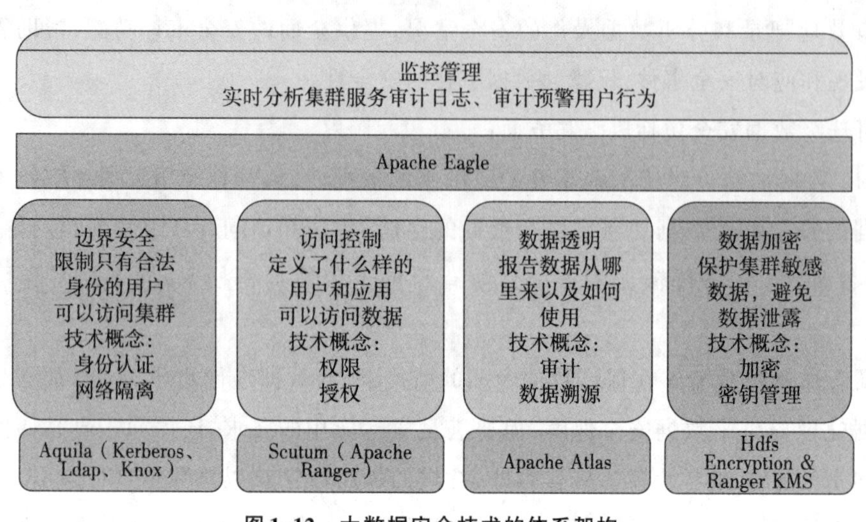

图1-12 大数据安全技术的体系架构

第2章

存储器及安全问题介绍

存储器是计算机中用于存储数据的设备,包括硬盘、固态硬盘、内存条、U盘等。存储器的分类标准一般有以下几种:按信息的可保存性、按存取方式、按存储介质、按在计算机系统中的作用等。

随着存储技术的不断发展,存储器的容量越来越大,速度也越来越快。然而,存储器也存在一些安全问题,主要包括以下几个方面:

(1) 数据泄露:如果存储器没有得到充分保护,可能会出现数据泄露问题。例如,U盘被盗或丢失,其中的数据可能会被窃取。

(2) 数据损坏:存储器可能会因为使用时间过长或外力原因而出现损坏,例如磁盘坏道、闪存寿命到期等,这些问题都可能会导致存储器中的数据无法读取或丢失。

(3) 数据篡改:当存储器被黑客攻击时,其中的数据可能会被篡改,从而影响数据的完整性和可信度。

本章主要介绍存储器的种类、功能和应用,并探讨存储器在信息安全中的重要性。

2.1 存储体系结构

存储器是计算机系统中重要的组成部分,它扮演着存储和传输数据的角色。在计算机系统中,不同类型的存储器按照一定的层次结构被组织起来,构成了存储体系结构。存储器种类和特点的不同,其性能和容错性也各有不同。随着计算机应用场景的不断扩展,存储器也在不断地发展和更新。

存储器的层次结构是指根据存储器的访问速度、容量、价格等因素,将不同类型的存储器划分为多个层次,每个层次都有自己的特点和作用。存储器的基本层次结构包括CPU内寄存器、芯片内的高速缓存、芯片外的高速缓存、主存储器和外部存储器等,如图2-1所示。图2-1中,越靠上的存储器访问速度越快,容量越小,价格越贵。相反,越下方的存储器访问速度越慢,容量越大,价格越便宜。

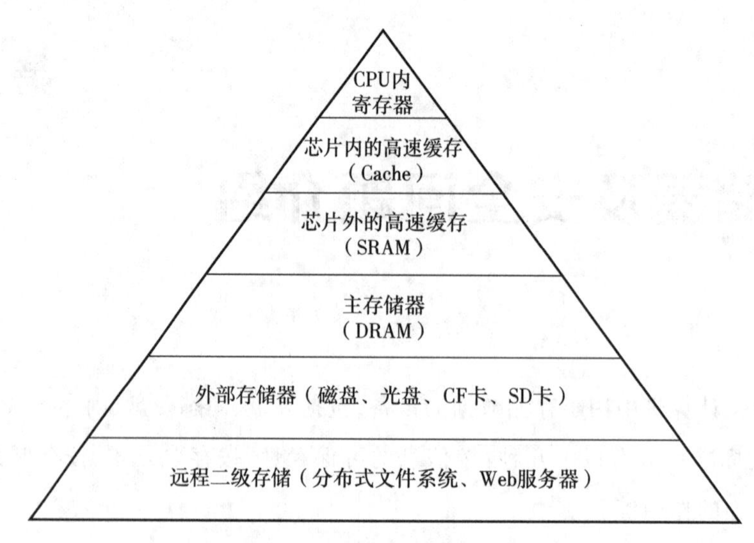

图2-1 存储器的基本层次结构

2.1.1 存储体系结构的发展历程

存储体系结构的发展历程可以追溯到早期计算机系统的诞生。随着计算机技术的不断发展,存储体系结构也经历了多个阶段的演变。

1. 单存储器结构

在早期的计算机系统中,由于主存储器的价格昂贵,系统只有一个存储器,所有数据都存放在其中。这种存储器结构简单,但容量有限,且存储器的访问速度慢,难以满足复杂的计算需求。

2. 存储器分层结构

随着计算机技术的发展,存储器的分层结构逐渐形成。计算机系统中加入了一级缓存和二级缓存等存储器,以提高数据的访问速度。一级缓存位于CPU内部,容量小但速度非常快,二级缓存则通常集成在CPU芯片上,容量较大但速度相对较慢。这种存储器分层结构使得数据访问速度得到了提升。

3. 存储器总线结构

随着计算机系统的发展,存储器总线结构逐渐成为主流。计算机系统中的主存储器通过存储器总线与CPU、I/O设备等相连,形成一个存储器总线结构。这种存储器体系结构可以满足多个CPU、I/O设备同时访问主存储器的需求。

4. NUMA结构和分布式存储体系

在大型计算机系统和集群系统中，由于存储器容量巨大，为了提升访问速度，逐渐出现了NUMA(non-uniform memory access)结构和分布式存储体系结构。NUMA结构中的每个CPU都有自己的本地存储器，同时还有一部分共享存储器，可以满足多个CPU同时访问存储器的需求。分布式存储体系结构则将存储器分布在不同的节点上，通过网络连接实现数据的访问和传输，可以提高存储器的容量和可靠性。

综上所述，存储体系结构随着科技的不断发展而不断演变。这些技术的不断创新和改进为计算机系统的性能提升和应用拓展提供了支持与保障。

2.1.2 存储器的层次结构

存储器的层次结构是计算机系统中对存储器的组织方式，按照访问速度和存储空间的不同，可将存储器划分为不同的层次，以优化计算机系统的性能。在介绍具体的层次结构之前，需要先理解下面两个概念，即时间局部性和空间局部性，它们是存储器层次结构中提高计算机系统性能的重要原则。

时间局部性是指计算机程序中访问的数据和指令往往会在一段时间内多次被访问。例如，在一个循环语句中，循环体中的指令和数据在每次循环中都会被重复访问。利用时间局部性，计算机系统可以将最常用的数据和指令放在速度最快的寄存器和高速缓存中，以提高访问速度。

空间局部性是指程序中相邻的数据和指令往往会被同时访问。例如，在一个数组中，相邻的元素会被连续访问。利用空间局部性，计算机系统可以将连续的数据和指令放在相邻的存储单元中，以提高访问速度。

在存储器的层次结构中，数据在每次访问时只在相邻的两个层次之间进行复制。高层的存储器靠近CPU，与低层的存储器相比容量小、访问速度快，这是因为它采用了成本更高的技术来实现。常见的存储器层次结构包括寄存器、缓存、主存储器、辅助存储器。CPU与各层次存储器之间的关系如图2-2所示。

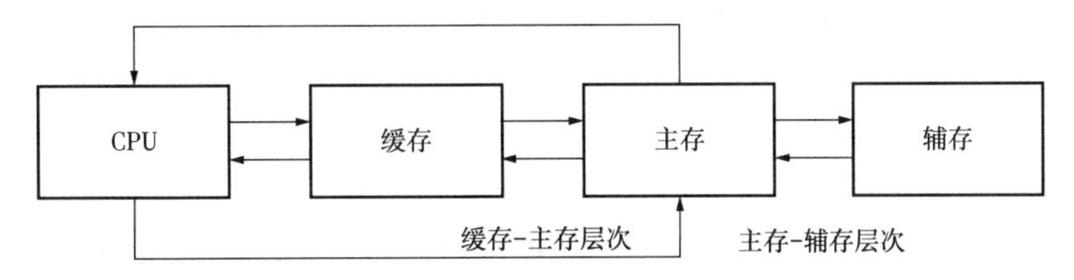

图2-2 CPU与各层次存储器之间的关系

1. 寄存器

寄存器是CPU内的一种高速存储设备,可以暂存指令、数据和地址。它是计算机内部最快的存储设备之一,可以在一个时钟周期内读取和写入数据。

寄存器通常用于存储和操作处理器中的临时数据,例如算术运算中的操作数和结果,逻辑运算中的比较值和状态标志等。处理器还可以使用寄存器来存储控制信息,例如中断处理和系统调用等。

在现代计算机体系结构中,处理器通常包含多个寄存器,每个寄存器都有一个唯一的名称和地址。这些寄存器通常可以直接由处理器访问,而不需要通过缓存或内存等其他存储设备。在计算机程序中,程序员可以使用汇编语言或编程语言的内联汇编指令来直接读取和写入寄存器的值,以及在寄存器之间移动和操作数据。

2. 缓存

缓存(cache)位于计算机系统的存储器层次结构中,介于寄存器和主存之间。其通常由一组静态随机存储器(static random access memory,SRAM)组成,这种存储器的速度非常快,但是容量相对较小。由于缓存的读取速度远远快于主存的读取速度,所以它可以缓存最常用的数据和指令,使得处理器能够更快地访问这些数据和指令,从而提高系统的性能。

计算机系统中的缓存可以分为多级缓存,每级缓存容量逐级增大,但速度逐级降低。多级缓存的目的是尽可能地利用存储器层次结构中不同存储器层次之间的速度差异,以最大限度地提高计算机系统的性能。

缓存的工作原理是通过缓存命中(cache hit)和缓存不命中(cache miss)来提高系统性能。当处理器请求数据或指令时,会首先检查是否存在缓存中。如果数据或指令在缓存中,则称为缓存命中,缓存会立即将数据或指令传递给处理器。如果在缓存中找不到对应数据或指令,则称为缓存不命中,缓存会从主存中获取数据或指令,并将其存储在缓存中以备后续使用。

缓存的设计和优化是计算机体系结构的重要部分,可以通过改变缓存的大小、映射策略、替换策略和预取策略等参数来提高系统性能。不同的计算机架构和应用程序对缓存的需求不同,因此缓存设计需要根据具体情况进行调整和优化。

3. 主存

主存也被称为内存,用于存储正在执行的程序和数据。主存通常是由许多动态随机存取存储器(dynamic random access memory,DRAM)芯片组成,它们能够快速地读取和写入数据,但不能保持数据的永久性存储。

与其他存储器设备(如硬盘和光盘)相比,主存的访问速度非常快,但它的存储容量通常较小。主存的大小通常被用来衡量计算机系统的性能,因为它直接影响程序的执行速度和系统的响应时间。

主存中的数据和程序可以通过处理器访问,处理器使用地址总线来指定要访问的存储器位置,数据和程序通过数据总线传输。由于主存容量有限,当主存中的数据和程序超出容量时,部分数据和程序将被移动到外部存储器设备中,通常是硬盘或闪存,这被称为虚拟内存技术。

4. 辅存

辅助存储器被称为外部存储器,是指计算机系统中用于存储数据和程序的设备,与主存相对应。与主存不同,辅助存储器通常是非易失性存储器,它们可以长时间保存数据和程序而不受电源断电的影响。

常见的辅助存储器设备包括硬盘、光盘、闪存、磁带等。这些设备可以存储大量的数据和程序,并且可以长期保留这些数据和程序。与主存相比,辅助存储器的访问速度通常较慢,但它们的存储容量要大得多,而且可以长时间保存数据和程序。

辅助存储器在计算机系统中的作用非常重要。它们可以扩展主存的存储容量,从而使计算机系统能够处理更大的数据和程序。同时,辅助存储器还可以用于备份数据和程序,以防止数据和程序丢失或损坏。

在计算机系统中,CPU访问存储器的速度非常重要,因此采用了存储器层次结构来解决不同类型存储器的容量和访问速度之间的矛盾。一般来说,CPU会先从寄存器中寻找需要的数据,如果寄存器中没有,则会访问高速缓存,如果高速缓存中没有,则会访问主存储器。如果要访问的数据在辅助存储器中,则需要将数据从辅助存储器中读取到主存储器中,然后再访问。存储器层次结构的设计和优化是计算机系统性能提升的重要手段。

2.2　常用存储器

存储器是计算机系统中用于存储数据和程序的设备。随着科技的发展,为了满足不同的用途,出现了大量不同类型的存储器。针对常用的存储器,根据不同的标准,能够将其分为多种类别。本节将按照不同的存储器分类方式对各类常用存储器进行介绍,同时对存储器的发展现状以及新型存储器进行讨论。

2.2.1 存储器分类

存储器可以按照多种标准进行分类，以下是几种不同的分类标准，分别是按存储介质、按存取方式、按信息的可保存性、按在计算机系统中的作用等。

1. 按存储介质划分

当按存储介质划分时，存储器可以分为半导体存储器、磁存储器、光存储器等。常见的半导体存储器有DRAM和SRAM，其特点是速度快、功耗低。磁存储器一般包括磁芯、磁带以及磁盘，其特点是容量大、速度慢。光存储器有CD、DVD等，其特点是便于携带、价格低、易于保存。

2. 按存取方式划分

当按存取方式划分时，可以分为随机存储器和顺序存储器。随机存储器是一种可以随机读/写任意存储单元的存储器。每个存储单元都有一个唯一的地址，可以直接访问。常见的磁芯、半导体存储器都属于随机存储器。顺序存储器是一种按顺序访问的存储器，也称磁带存储器。顺序存储器中的数据按照一定的顺序存储，访问数据时需要按照一定的顺序进行查找和读取。顺序存储器的特点是存储密度高，但访问速度慢。磁带、磁盘以及激光存储器都属于顺序存储器。

3. 按信息的可保存性划分

计算机中所存储的文件、操作系统等数据需要在断电时依然能够保存在计算机中，非易失性存储器(non-volatile memories)可以实现这一功能。非易失性存储器是一种数据保存稳定的存储器，其中的数据即使在断电后也可以被长时间保留。常见的非易失性存储器包括ROM、EPROM、EEPROM、闪存、硬盘、固态硬盘等。与非易失性存储器相对的则是易失性存储器(volatile memories)，该类存储器是一种数据保存不稳定的存储器，也就是说，一旦断电，其中的数据就会丢失。常见的易失性存储器包括DRAM、SRAM、内存条、高速缓存等。

4. 按在计算机系统中的作用划分

按存储器在计算机系统中的作用可以分为主存储器、辅助存储器、高速缓冲存储器和控制存储器。

主存储器(main memory)的作用是存储当前正在执行的程序和数据，也可以称为内存。主存储器的容量和速度会对计算机的性能产生直接影响。其通常采用易失性存储器，例如DRAM，特点是存取速度快，但数据会在断电后消失。

辅助存储器(auxiliary memory)用于存储长期保存的数据和程序，例如操作系统、应用程序、文档资料等，也称外存或二级存储器。其通常采用非易失性存储器，例如硬盘、固态硬盘、光盘、闪存等，它们的特点是存储容量大，但是存取速度较慢。辅助存储器的作用是扩展主存储器的容量，并且可以使数据长期保存，即使在断电情况下也不会丢失。

高速缓存存储器(cache)是一种介于主存储器和处理器之间的存储器，用于缓存最近使用的指令和数据，以提高处理器的访问速度。其通常采用SRAM等快速存储器，容量较小但速度很快，与处理器通过高速总线连接。

控制存储器(control memory)是计算机中用于存储控制信息的存储器，用于存储处理器执行指令时需要的控制信号和指令解码器所需的控制信息。控制存储器通常采用ROM等只读存储器，容量相对较小但速度很快，与处理器通过控制总线连接。

2.2.2　存储器技术

目前，存储器层次结构主要由四种存储器技术组成。首先是SRAM，其速度较快，可用于构建高速缓存，可以在处理器需要数据时迅速提供，但其实现需要的晶体管较多，每比特成本较高。其次是DRAM，其主要用于构建主存储器。DRAM在存储器层次结构中处于高速缓存的上层，较为靠近处理器。由于DRAM每比特的成本较低且占用的存储器空间较少，因此，其容量相较于SRAM更大。但是，它的速度较慢。然后是闪存。闪存是非易失性存储器，可以用作个人移动设备中的二级存储器。这意味着即使在设备断电后，存储在闪存中的数据仍然可以保留。它的读/写速度相比磁盘会更快，随着现代存储技术的发展，以闪存为数据载体的固态硬盘SSD的成本显著降低，因此，当前出现了很多完全使用固态硬盘作为外部存储的计算机设备，而不再配备磁盘。最后是磁盘。磁盘在存储器层次结构中处于最下层，磁盘通常在服务器中作为容量最大且速度最慢的一层。磁盘的成本比固态硬盘低得多，容易做到大容量存储，但是由于机械结构的限制，磁盘的访问时间比其他类型的存储器慢得多，一般用作大容量数据仓库盘。本节将会分别介绍这四种技术。

1. SRAM技术

SRAM采用存储阵列结构，通常具有一个读/写端口，与DRAM相比，SRAM不需要刷新操作，它的存储单元可以长时间保持存储的数据而不丢失。这是因为SRAM的基本存储单元通常由6～8个晶体管组成，这些晶体管用于存储和维持数据的状态。相比之下，DRAM的存储单元由电容组成，需要进行周期性的刷新以保持数据的完整性。另外，SRAM的访问时间与周期时间非常接近，这意味着从读/写操作到获取结果的时间非常短。这使得SRAM在需要快速读/写操作的应用中非常受欢迎。

值得注意的是,在空闲模式下,SRAM只需要最小的功率来保持存储单元的电荷状态,这使得它在功耗方面相对较低。这也是SRAM在移动设备和嵌入式系统等领域应用广泛的原因之一。

2. DRAM技术

在DRAM中,存储单元使用电容保持电荷的方式来存储数据。DRAM存储器中保存每个比特只使用一个晶体管,DRAM的存储密度比SRAM的高,即同样成本下存储容量更大。与静态存储器SRAM和其他非易失性存储介质相比,DRAM使用电荷记录比特,因此必须周期性通电刷新,否则保存的数据会因电荷自由运动而出错和丢失,这也是将该存储结构称为动态的原因。

对DRAM中每个存储晶体管刷新的实质是对其进行一轮读/写操作,将原本的数据读出然后重新写入。此时存在一个问题,DRAM单元中的电荷只能维持几微秒。如果DRAM中的每个比特位需要独立地读出后写回,则必须不停地进行刷新操作,这将导致没有时间可用于正常的访问操作。幸运的是,DRAM采用了一种两级译码结构,可以通过在一个读周期后紧跟一个写周期的方式一次刷新一整行(一行单元共用一个字线)。图2-3中展示了DRAM的内部组织结构。

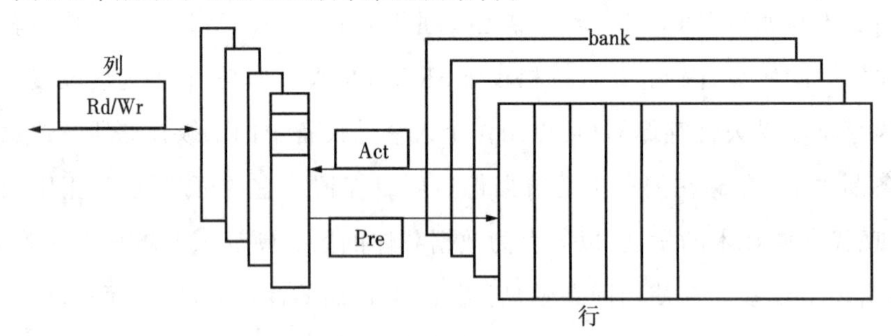

图2-3 DRAM的内部结构图

行组织结构不但有助于刷新,还有助于性能的提高。DRAM为了进行重复访问而对多行进行缓冲,因此极大地减少了数据访问时间。当一行数据在缓冲器中时,无论DRAM数据宽度是多少,都可以通过指定要传送的数据块大小和数据块在缓冲器中的起始地址的方式连续传送相邻地址的数据。

现代DRAM以bank(存储块)方式组织,每个bank由多个行组成。发送一条Pre(预充电)命令能够打开或者关闭一个bank。使用Act(激活)命令发送一个行地址,并将对应行中的数据传送到一个缓冲器中。

3. 闪存

闪存是一种电可擦除的可编程只读存储器(electrically erasable programmable read only memory,EEPROM)。与磁盘和DRAM不同,闪存的写操作会导致存储单元的磨损，而这与其他EEPROM技术相似。为了应对该限制，大多数闪存产品都有一个控制器，用来将写操作从写入次数多的块映射到写入次数少的块，从而使写操作尽量分散。这种技术称为磨损均衡(wear leveling)。采用磨损均衡技术后，闪存的使用寿命大大延长，普通的使用场景下很难达到闪存的写极限。这种磨损均衡技术虽然降低了闪存的潜在性能，但是不需要在高层次的软件中监控块的损耗情况。闪存控制器的这种磨损均衡也将制造过程中出错的存储单元屏蔽掉，从而提高其成品率。

闪存通过将电荷存储在晶体管栅极上来实现存储。当需要读取存储在闪存中的数据时，晶体管栅极上的电荷会被检测出来，并转化为数字信号输出。闪存广泛应用于便携式设备、存储卡、USB驱动器、SSD(固态硬盘)等设备中。

4. 磁盘存储器

磁盘存储器由一个或多个磁盘组成，每个磁盘上都有一个或多个磁道和扇区，用于存储数据。读取和写入数据需要通过磁头在磁盘表面上进行操作。磁盘存储器分为硬盘和软盘两种形式，其中硬盘通常用于台式机和服务器等大型计算机系统中，而软盘则用于便携式设备和老式计算机系统中。磁盘存储器具有存储容量大、可靠性高、价格适中等优点，被广泛应用于计算机系统中。

磁盘存储器属于磁存储器的一种，它利用磁性材料的磁化特性进行数据的存储。磁化特性指的是在磁性材料受到磁场作用后，其磁化方向可以在一定程度上保留下来，即使外部磁场去除后，材料仍然具有一定的磁性。磁盘存储器的工作原理具体如下：写操作时，根据不同的写入信息(0或1)，向磁头输入不同方向的电流。这个电流会在磁性材料上形成不同的磁化状态。例如，如果输入的是从南极到北极的电流，材料将被磁化成一种方向；如果输入的是从北极到南极的电流，材料则会被磁化成另一种方向。读操作时，磁性材料上的磁化强度会表现出不同的磁化状态，当磁头在磁性材料上移动时，在磁化的作用下，磁头线圈中会感应出不同方向的电流。根据这个电流的方向来判断信息是1或0。

磁头在磁表面存储信息的原理图如图2-4所示。磁盘存储器的逻辑结构主要由磁道、扇区和柱面三个部分组成，其运行过程可以分为读过程和写过程。在读过程中，系统将需要访问的数据的逻辑地址发送到磁盘控制器(驱动)，然后磁盘控制器将该逻辑地址翻译到物理地址，即该数据在盘片的所在的磁道和扇区数据。然后控制器将磁盘旋转，直到磁头对准目标扇区进行数据读取。磁头移动到目标区域后，根据盘面的磁化极性，在磁头的线圈中产生相应方向的感应电流，对感应电流进行放大、鉴别和整形后得到数字信息。

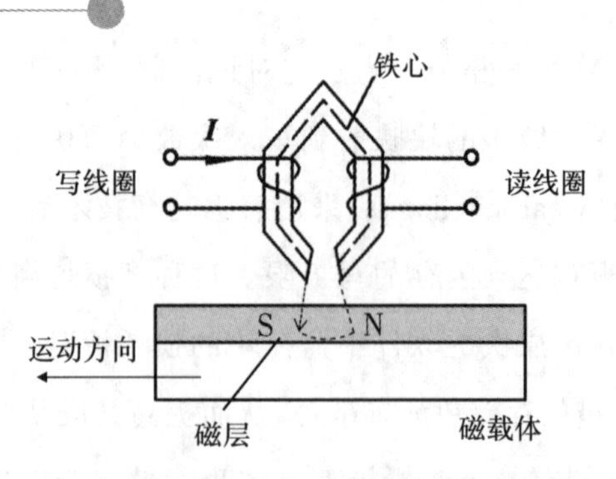

图 2-4 磁头在磁表面存储信息的原理图

2.2.3 生活常用存储器

本节将会对生活中常见的、广泛使用的存储器进行介绍。

1. 软盘

软盘是一种可移动式存储介质，早期广泛用于个人计算机和其他设备的数据存储，如图 2-5 所示。它通常是由一个塑料外壳和一片柔软的磁性盘片组成，属于磁性存储器，通常可以存储 1.44 MB 的数据。软盘通过将数据磁化存储在盘片表面来实现数据存储，盘片在逻辑上划分为面、磁道和扇区，然后通过软盘驱动器读取和写入数据。随着技术和数据存储的发展，大容量的盒式软盘已成为大容量软盘的标配，其与一般软盘相比，盒式软盘需要特殊的驱动器。

图 2-5 软盘

软盘的优点包括成本低、可移动性强、易于备份和传输数据，但其缺点也很明显。首先，软盘存储容量有限，无法满足现代数据存储的需求。其次，软盘易受污染、磁化不稳定等问题的影响，数据的安全性和可靠性较低。

2. 硬盘

由于硬盘需要保护内部易损的磁盘片，因此外壳使用了较厚的金属外壳，而且可以起到电磁屏蔽的作用，是一种利用磁盘来存储计算机数据的存储设备，是计算机的主要数据存储设备。

硬盘通常由多个盘片(platter)和一个用于读/写数据的磁头组成,盘片在高速旋转的同时,磁头在盘片表面寻找并读取或写入数据,硬盘的内部结构如图2-6所示。硬盘的数据存储密度较高,存储容量较大,同时速度相对于软盘和光盘等其他存储设备也更快,因此广泛应用于桌面计算机、服务器和大型存储系统等领域。

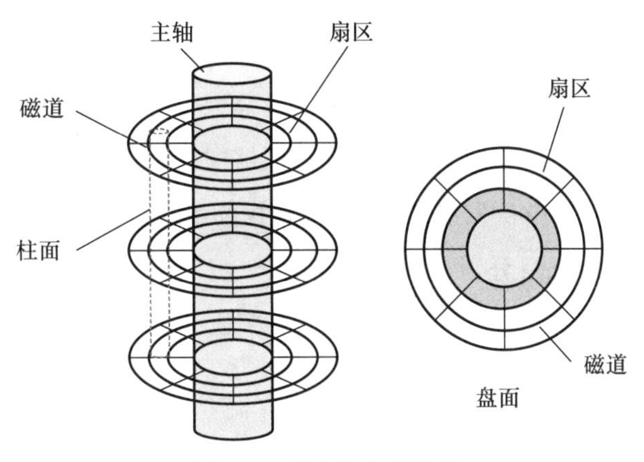

图2-6　硬盘的内部结构

如图2-7所示,硬盘按照接口的不同可以分为IDE硬盘、SCSI磁盘、SATA磁盘、光纤通道磁盘、移动硬盘。其中SATA磁盘现在是应用最广泛的硬盘之一。同时,硬盘也可以按照外形尺寸来分类,例如3.5英寸硬盘、2.5英寸硬盘、1.8英寸硬盘等,不同的外形尺寸适用于不同的设备。

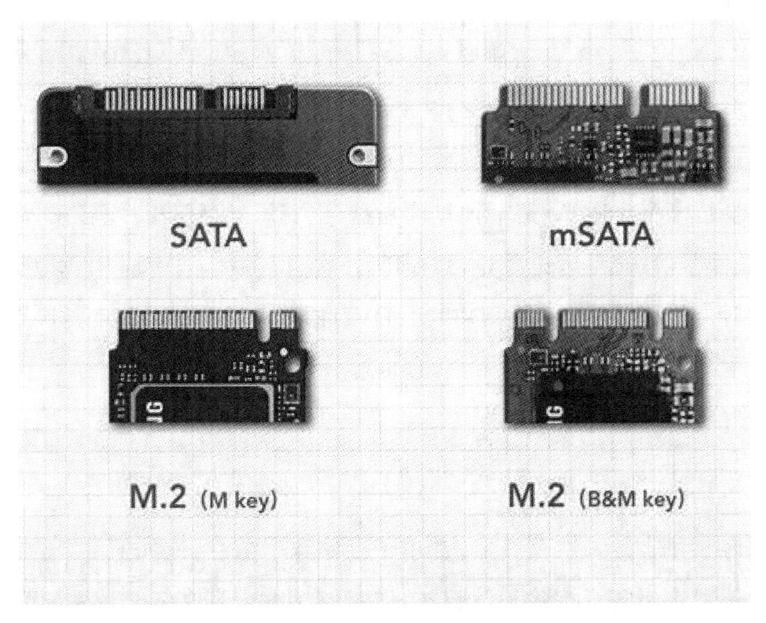

图2-7　不同类型的硬盘接口

硬盘的技术指标是评价计算机存储设备性能的重要指标之一,它直接关系到计算机的运行速度和效率。对于需要处理大量数据、进行大规模计算的任务来说,硬盘性能的高低往往是影响计算机整体性能的重要因素之一。硬盘的技术指标往往有以下几种:存储密度、存储容量、数据传输率以及平均存取时间。

(1) 存储密度包括道密度、位密度、面密度。道密度指的是盘片径向单位长度上分布的磁道数,位密度是指单位长度的磁道上记录的二进制位数,面密度指的是磁盘单位面积上记录的二进制位数,面密度=位密度×道密度。

(2) 存储容量是指一个磁盘所能存储的字节总数。

(3) 数据传输率指的是磁盘在单位时间内能够向主机传送的字节数。

(4) 平均存取时间是指从发出读/写操作到找到正确位置并开始读/写信息所用的时间,该过程由两部分组成,分别是寻道和等待。

3. 光盘

光盘是一种通过激光技术来读/写数据的存储介质,其通常采用聚碳酸酯等材料制成透明的圆盘形状,并在表面涂上一层反射性材料。光盘的数据存储原理是通过激光束对塑料或金属盘片表面进行刻蚀来记录数据,即二进制的1由盘片表面平坦区域表示,0由不平坦区域表示。

光盘可以分为CD(compact disc)和DVD(digital versatile disc)两种。对于CD来说,最重要的指标是旋转速度,速度越高,读取速度越快。CD又可以分为CD-ROM、CD-R、CD-RW三种类型。CD-ROM是只读光盘,盘片的写入会对片盘产生永久的物理变化,数据一次写入后不可再删除和更改;CD-R光盘又称WORM,只可以写一次,但可以进行多次读,是空白光盘。CD-RW的盘面材料与只读CD不同,配合相应的CD读写器可以重复地写入、读取数据操作。DVD也可以分为DVD-ROM、DVD-R、DVD-RAM三种类型。DVD-ROM是一种只读光盘,主要用于存储影片、音乐、游戏、软件等多媒体数据,而DVD-R是可记录DVD,即写一次,读多次。DVD-RAM则可以重复写入数据,使其可以反复使用。与CD相比,DVD的读取速度也比CD要快很多,通常可以达到16倍甚至更高的倍速读取。DVD也可分为单层和双层两种类型,双层DVD容量更大,能够存储更多的数据。

4. 闪存

闪存作为一种非易失性存储器,常用于存储数字信息,比如照片、音频、视频和文件。它通过使用快速电子擦除和编程技术,能够保存信息并随时读取,而且不需要外部电源保持存储状态,常见的闪存设备有U盘、SD卡、TF卡等。

U盘(USB flash drive)是一种在闪存的基础上发展出的移动存储设备,使用USB接口与计算机进行数据交换。U盘通常使用闪存芯片、控制芯片和USB接口芯片来实现数据存储和数据传输功能，如图 2-8 所示。与传统的硬盘相比，U 盘具有体积小、重量轻、耐用、抗震动、低功耗等优点。

图 2-8 U盘与闪存

SD 卡是一种可擦写存储卡，英文全称为 secure digital memory card，是一种非易失性的闪存存储卡，广泛应用于数码相机、手机、平板电脑、游戏机等便携式设备中。SD 卡具有体积小、重量轻、容量大、速度快、价格便宜等优点，目前已经成为一种主流的存储介质。SD 卡主要分为 SDSC（标准容量）、SDHC（高容量）、SDXC（扩展容量）三种规格，容量从几百兆字节到数十太字节不等。

TF 卡是一种小型化的存储设备，英文全称为 trans flash 卡，又称 Micro SD 卡。TF 卡主要用于便携式设备中，例如数码相机、手机、平板电脑等。TF 卡具有体积小、重量轻、容量大、速度快、价格便宜等优点，因此被广泛应用。TF 卡的容量一般在几十兆字节到几十吉字节之间。

5. 磁带

磁带存储器（见图 2-9）是一种用来存储和读取数据的磁性媒介，其使用顺序化存取方式，即定位指定文件位置时，必须先访问前面的磁带。数据被记录在磁带上，可以通过磁带驱动器来读取和写入。磁带主要用于大规模数据备份、存档和长期存储，具有成本低、容量大、保存时间长等特点。

图 2-9 磁带存储器

为了更好地进行数据的存储，众多磁带技术被发明出来，例如 DC2000/Travan 技术、数码音频磁带（digital audio tape，DAT）技术、QIC（quarter inch cartridge）DC6000 技

术、8MM技术、数字线性磁带(digital linear tape,DLT)技术、线性磁带开放(linear tape open,LTO)技术等。

DC2000/Travan技术采用了线性录制方式,将数据按照顺序依次记录在磁带上。该技术的磁带具有高密度、高速度、高可靠性等优点,但也具有成本较高的缺点,主要用于企业级数据备份和存储。

数码音频磁带(DAT)技术使用旋转磁头来记录和读取数字音频信号,具有高质量的音频效果和高密度的数据存储能力。DAT使用4毫米宽的磁带,可容纳最多2个小时的音频数据,并支持16位线性PCM编码。

QIC DC6000技术使用1/4英寸的磁带作为存储介质,常用于备份和归档数据。DC6000是QIC大容量磁带系列中的一种,容量为6 GB,数据传输速度为3 MB/s。该技术具有成本低、可靠性高、容量大等优点。在数据备份和存档方面得到了广泛应用。然而,随着存储技术的不断发展,磁带存储器逐渐被硬盘、闪存等新型存储介质所取代。

8MM技术采用螺旋扫描技术,通过磁头自动清洁和自动对准技术提高数据的可靠性和稳定性;通过压缩技术提高磁带的存储容量。此外,该技术还具有快速数据检索和数据传输速度快的特点。该技术是一种适用于网络和多用户系统的磁带技术。

数字线性磁带(DLT)技术是一种高性能的磁带存储技术。它采用线性磁带记录方式,将数据存储在磁带上,具有高存储密度、高传输速度、高可靠性等特点。DLT分为DLT1、DLT2、DLT3、DLT4、DLT VS160、DLT VS80等几种规格,其中DLT4为最高规格,单盘容量可达40 GB,传输速度为6 MB/s,压缩比为2:1。DLT技术主要应用于大型的备份和存储系统中,如数据中心、云存储、高性能计算等领域。由于其高传输速度、高可靠性、高存储密度的特点,所以能够满足数据备份和长期存储的需求,是目前业界备份存储领域中较为常用的技术之一。

线性磁带开放(LTO)技术是一种流行的磁带存储技术,广泛应用于高容量数据备份和存档中。LTO技术具备高容量、高速度、低成本、长期可靠性、绿色环保等优点。LTO技术的磁带盒可以存储大量的数据。例如,最新的LTO Ultrium 9代产品,每个磁带盒的存储容量可达45 TB,这使得它成了一种极具竞争力的存储媒介。LTO技术使用线性多通道和双向磁带格式,这使得数据的读/写速度得到了显著的提高。这种设计使得数据的传输速度与磁带的移动速度相匹配,提高了整体性能。虽然LTO磁带盒和驱动器的价格相对较高,但它们的存储容量大,数据传输速度快,使得LTO技术在长期的数据存储应用中具有很高的成本效益。LTO技术采用了硬件数据压缩、优化的磁道面和高效率纠错技术,提高了磁带的可靠性和稳定性。这让LTO成了一种可靠的长期存储解决方案。与其他存储媒介相比,LTO磁带对环境的影响较小。由于它们的材料可以回收再利用，因此对环境友好。总的来说，LTO技术是一种高效、可靠且环保的存储技术，适用于各种需要长期存储大量数据的应用场景。

6. 固态硬盘

固态硬盘(solid state disk，SSD，如图2-10所示)是一种使用闪存技术的存储设备，它没有机械部件。相对于传统的机械硬盘，其读写速度快、能耗低、可靠性强。它的存储介质是闪存芯片，通过控制器进行数据读/写和管理。固态硬盘与机械硬盘最大的区别在于数据的存储方式不同，机械硬盘使用磁盘进行数据存储，而固态硬盘使用闪存进行数据存储。

图2-10　固态硬盘

与传统机械硬盘相比，固态硬盘具有以下优点：读/写速度快、能耗低、噪音小、可靠性高、体积小。同时固态硬盘也存在着一些缺点：价格高、容量受限、寿命有限、容量扩展不方便。固态硬盘与传统机械硬盘的对比情况如表2-1所示。

表2-1　固态硬盘与传统机械硬盘对比

项目	固态硬盘	机械硬盘
容量	中	大
价格	中	低
随机存取	极快	一般
盘内阵列	无	极难
噪音	无	有
温度	－55℃～95℃	0℃～70℃
防震	非常好	较差
重量	轻	重
能耗	极低，0.068W	高，0.801W

2.2.4 存储器的发展现状及新型存储器

存储器作为计算机的核心组件之一,其发展一直处于不断变革和创新的状态。存储系统可以分为内存子系统和外存储系统。

在内存子系统方面,当前的计算机系统中有很大部分的成本和功耗都花费在存储系统中。然而,目前基于DRAM的内存系统发展在成本和功耗方面都已经接近极限。现阶段对内存子系统的研究方向是扩大容量、减少功耗、降低成本。

对于外存储系统来说,现阶段主要包括两种存储器,分别是磁盘和固态硬盘。而需要的外存储系统应该具有以下特点:非易失性、无机械运动、抗震耐摔、存储密度大、寿命长、成本和功耗低、软件操作简单。

新型存储器采用新型存储介质来存储数据,摆脱了传统存储介质的限制,且其优良的介质特性能够满足容量、性能的需求,甚至在工艺上也利于产业化,因而具有巨大的优势。

相变存储器作为新型存储器的代表,其存储介质是一种特殊的相变材料,能够在相变温度附近快速地在非晶态和结晶态之间进行相变,实现数据的存储与读取。针对现有存储器在短时间内从百亿至万亿级别的性能需求,相变存储器成为最具发展潜力的一种新型存储器之一。现在,相变存储器在科技领域中的应用也越来越广泛。例如,在机器学习领域中,大规模的数据处理需要高效的数据存储,而相变存储器正是一种能够满足需求的存储器。在研究和应用方面,相变存储器已经取得了一些重要的成果。例如,IBM研究院已经在2016年取得了百万个相变元件能够在10微秒之内完成训练模拟的记录,并取得了98.7%的精度。相比之下,常见的硬盘和固态硬盘远远达不到这个速度和精度。

相对于传统存储介质,如DRAM、NAND闪存等,相变存储器的读/写速度更快,存储密度更高,功耗更低。同时,相变存储器还具有非易失性、抗震耐摔等特点,满足了外存储系统所需的要求。除相变存储器外,新型存储器还有RRAM阻变式存储器、MRAM磁性随机存储器、STTRAM自旋转移力矩随机存储器、FRAM铁电存储器、PFRAM聚合物存储器等。

总之,随着科学技术的不断发展,人类对于存储器的要求也越来越高,新型存储器正是应对存储容量和存储速度方面的双重挑战的一个方向。

2.3　存储器相关的安全问题

存储器是计算机中非常重要的组成部分，其中存储的信息往往是非常重要的，例如，用户的个人信息、公司机密等。随着技术的发展，存储器相关的安全问题也逐渐成为人们关注的焦点。本节将介绍存储器相关的安全问题，包括存储器安全问题现状、常见存储器中存在的安全问题及解决方案、新型存储器的安全问题。

2.3.1　存储器安全问题现状

早期的存储器没有加密保护措施，容易受到物理攻击，例如电磁泄露等。但是随着软件安全攻击技术的发展，如计算机病毒、恶意软件和网络攻击等，存储器的安全问题已经不仅仅是硬件和物理方面的问题了。现在的存储器安全问题主要包括以下几个方面。

(1) 数据泄露。由于存储器中存储的是计算机系统的各种敏感数据，如用户密码、账号、财务数据等，如果这些数据泄露给黑客或者攻击者，将会对用户和企业造成巨大的损失。

(2) 存储器被篡改。攻击者通过篡改存储器中的数据来对计算机系统进行攻击，例如，通过篡改操作系统文件来实现对系统的控制。

(3) 存储器受到病毒攻击。计算机病毒是一种会自我复制并感染其他程序的程序代码，可以感染存储器中的数据和程序，从而对计算机系统造成损害。

(4) 物理攻击。物理攻击包括冷启动攻击、针对缓存的攻击等，攻击者通过物理手段获取存储器中的数据。

(5) 存储器加密问题。为了保护存储器中的数据不被窃取或篡改，现在的存储器加入了加密保护措施，例如SSD加密和TPM(trusted platform module)技术等。然而，这些加密技术也存在着安全漏洞，攻击者可以通过各种手段攻击这些加密技术，从而获取存储器中的数据。

2.3.2　常见存储器中存在的安全问题及解决方案

生活中常见的存储器有机械硬盘、光盘、U盘、磁带以及固态硬盘等。针对每种存储介质和存储器，都有对应容易发生的安全可靠问题。

1. 机械硬盘中存在的安全问题

机械硬盘中存在的安全问题主要包括数据泄露、磁盘损坏、磁盘被篡改等。机械硬盘内部包含磁盘、磁臂、磁头等机械结构,因此,为了保护其存储功能,需要避免震动,尤其是在使用过程中,意外撞击极易导致机械硬盘发生不可逆的损伤。磁盘损坏可能导致数据无法读取或丢失;另外,未经加密的磁盘可能被黑客或恶意软件攻击,导致数据泄露;而磁盘被篡改则可能导致数据被篡改或者插入恶意软件。

针对磁盘损坏问题,可以进行定期备份,从而使磁盘受到损坏后数据仍能恢复;也可以对磁盘进行分区,可以将数据分隔开来,避免因一个区域的数据损坏导致整个磁盘数据的丢失。针对数据泄露问题,可以对磁盘中的数据进行加密,防止数据被未经授权的人访问和使用。针对磁盘被篡改问题,可以对磁盘中的文件和文件夹设置访问权限,可以限制未经授权的用户访问和使用数据;同时安装防病毒软件来防止病毒的入侵和传播。防病毒软件可以扫描磁盘中的文件和文件夹,以检测和清除病毒,提高磁盘数据的安全性。

2. 光盘中存在的安全问题

光盘具有易读性和易复制性,一旦光盘中包含重要的机密信息,就很容易被窃取或泄露。光盘与其他存储器相比,其更容易受到损坏,一旦被刮伤或受到其他形式的损坏,数据就可能无法读取或读取出错,这会导致数据的丢失或泄露。光盘具有可追溯性,读取时会在光盘上留下很多痕迹,例如读取的时间、位置等信息,这使得使用的行踪可以被追溯。

针对光盘具有易读性和易复制性等问题,可以通过加密技术对数据进行保护,以提高数据的安全性;同时可以使用数字水印技术对光盘进行标识,以防止数据的非法使用和泄露。针对易损坏性,同样需要做好备份并做好物理保护,以降低光盘的损坏率。

3. U盘中存在的安全问题

U盘作为一种常用的可携带的存储设备,其存在的安全问题与硬盘和光盘类似,但由于其具有携带方便的特点而导致数据泄露以及信息安全管理缺失的问题更加严重。当U盘遗失时,其中存储的敏感数据可能会被未经授权的人员访问,导致数据泄露;同时,由于U盘的可移动性,对于保密单位管理人员难以监控U盘中数据是否发生变化,导致信息管理缺失。

针对数据泄露问题与上述其他存储器相似,需要做好数据加密工作;针对信息管理缺失问题,需要建立和执行相关制度并规范使用U盘的流程和权限。

4. 磁带中存在的安全问题

当前磁盘的应用场景虽然已经逐渐减少,但在数据备份、长期存储等领域还在广泛应用。根据上述应用场景可知磁带中存储数据的安全十分重要。磁带一般会面临的安全问题包括：磁带损坏、磁带老化等。针对上述问题可以通过多次备份、定期检查、控制存储环境等方法解决。

5. 固态硬盘中存在的安全问题

固态硬盘相较于传统机械硬盘，在速度、稳定性和耐用性等方面都有很大提升。但固态硬盘上可能发生的安全问题与传统机械硬盘也有相同之处。当丢弃一块出现故障的固态硬盘时同样需要考虑其中数据是否还会被利用，防止发生数据泄露；当使用电脑过程中出现误删文件，仍然需要考虑误删恢复的问题。

随着网络技术的不断发展，数据安全泄露成为了一个严峻的问题。在面对这些问题时，我们可以采用数据加密、安全擦除和物理销毁等方式来应对。比如加密技术，虽然理论上AES256位加密方式无法通过暴力方法破解，但是仍然能够通过各种手段窃取加密密钥以获得机密的文件内容。为此，我们需要采用多种加密技术相结合的方法，来提高密码破解的难度。

目前，对存储器的数据加密可以通过软件或硬件的方式实现。软件加密用户仅需运行软件即可对不同的磁盘分区进行加密。硬件加密将加密算法写入存储器的固件中，由于固件是只读存储器，无法被删除和更改，该过程可以使加密过程对用户透明并在SSD控制器内部添加硬件模块，可提供更高效的加密处理能力。值得注意的是，对于SSD中的数据加密处理，必须确保加密密钥的安全，否则加密也会失去其意义。

除了采用数据加密技术来保护敏感数据的安全性之外，安全擦除技术也是解决数据泄露问题的重要手段之一。安全擦除技术主要分为以下三种级别：

加密块擦除：在这种擦除级别下，主要擦除固态硬盘(SSD)控制器内的各类映射表。这样可以使得数据完全无法被恢复，从而达到了安全擦除的效果。图2-11展示了NAND Flash中各类表的结构。

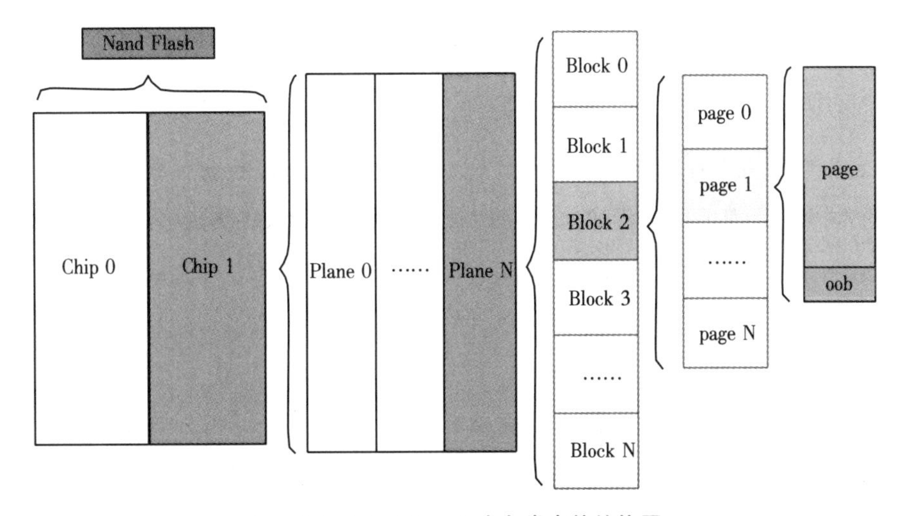

图2-11　NAND Flash中各类表的结构图

加密块和物理擦除:这种擦除级别比加密块擦除更加彻底,它不仅擦除了映射表,还擦除了存储设备上的物理区域。这使得数据恢复的可能性更加微乎其微。

军级擦除:这是最高级别的安全擦除方式,它通过特殊的技术手段,从物理上将存储设备彻底摧毁,使其无法被任何技术手段恢复,但是这种方法成本较高,并且需要保证实施过程的安全。

以上三种擦除级别分别具有不同的擦除程度,且恢复数据的可能性逐渐减弱。任何一种安全擦除方式都可以最大限度地保证数据的安全性,有效地防止数据泄露的发生。需要注意的是,安全擦除虽然可以有效防止数据泄露,但在进行安全擦除操作时,也需要注意遵守相关的法律法规和道德规范,避免出现不必要的法律风险。

针对数据误删问题,固态硬盘与机械硬盘的解决方案完全不同。当恢复机械硬盘误删数据时,仅需使用数据恢复软件扫描后即可找回文件。而固态硬盘上数据被误删后,无法使用数据软件扫描恢复。出现这种情况的原因是固态硬盘本身引入了垃圾回收机制,通过结合Windows系统本身引入的"TRIM指令",来达到防止固态硬盘掉速、延迟使用寿命的目的。因此在固态硬盘上进行删除操作时需要更加小心,同时做好备份以防数据丢失。

2.3.3 新型存储器安全问题

新型存储器是指相对于传统存储器而言,采用了新的存储技术或材料,具有更高的存储密度、更快的读写速度、更低的功耗和更长的寿命等优势的存储设备。这种转变不仅极大地提升了存储性能,同时也彻底摆脱了机械硬盘的局限性。且其优良的介质特性能够满足容量、性能的需求,与传统存储设备相比具有较大优势。

在本节中将会介绍几种不同的新型存储器中存在的安全问题,分别是NVRAM、PCRAM及RRAM。

1. NVRAM

非易失性随机存储访问存储器(NVRAM),是一种具备断电后数据持久性的存储设备,通常以字节为单位进行访问,如图2-12所示。NVRAM集成了DRAM的高速写入能力与NAND闪存的非易失性。这款设备展现出的性能比当前常用的固态硬盘要高出数十倍,其IOPS可以超过千万量级,同时延迟为微秒级。

NVRAM存在两方面的安全问题。首先是数据一致性问题,由于NVRAM存储介质的特殊性,当系统在写入数据时发生异常或断电等情况,可能会导致部分数据写入成功,而剩余数据写入失败的情况。这会导致NVRAM中的数据不一致,从而影响系统的正常运行以及数据完整性。另一个问题是NVRAM中数据压缩存储与垃圾

图2-12　NVRAM内部结构

回收机制间存在矛盾。由于压缩数据存储可以更好地利用存储空间,而在压缩时会伴随着原有存储空间的释放,此时垃圾回收机制将会启动。但由于NVRAM存储介质的特殊性,其在进行垃圾回收时需要保证数据的一致性。即在进行垃圾回收时,不能删除正在被访问的数据。这需要NVRAM具备一定的控制能力和管理策略。此外,由于耐久性有限,NVRAM面临着攻击者恶意频繁写入数据到小部分物理单元,使设备快速失效的安全威胁。

为了解决NVRAM中非易失数据一致性更新的问题,有研究人员提出使用一个高效的事务化管理系统,将非易失数据的更新放置在一个事务当中。当一个事务结束时,在底层系统中保证其原子性,在对非易失数据进行一致更新时,使用日志机制记录数据的修改操作,从而加强数据一致性。并且有研究人员提出写热度感知的盆景默克尔树构建和验证方案,降低完整性元数据的读取开销并确保系统崩溃后的数据一致性。为了提升NVRAM的寿命,有研究人员提出基于Feistel网络的双层安全磨损均衡方法,研究不同的非易失内存存储单元在耐久性上的巨大差异,延长最弱耐久性的写穿时间提升内存整体可使用寿命;并分析不同的安全磨损均衡算法的共性和差异,实现高效的方案整合以降低在硬件层面实现多种不同算法的开销。

2. PCRAM

相变存储器(phase change random access memory,PCRAM)是一种以相变材料为存储介质,使相变材料在电流的焦耳热作用下在结晶相态和非晶相态之间快速并可逆转换的技术,来实现数据存储的更新,如图2-13所示。相比于传统存储技术,PCRAM具有更高的数据存储密度、更低的功耗、更快的读写速度及更长的使用寿命等优点。

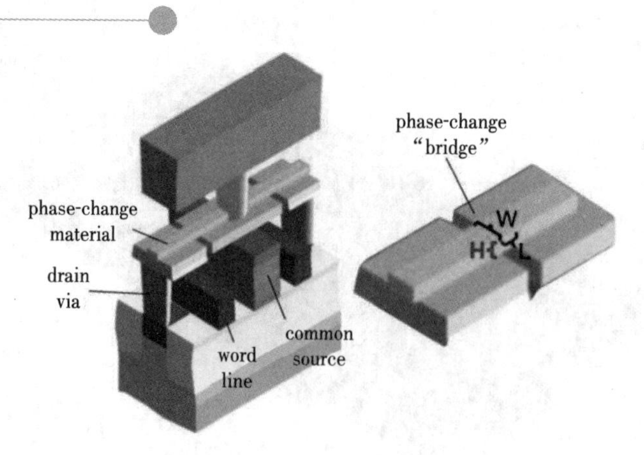

图2-13 PCRAM原理

然而,由于PCRAM特殊的存储介质,其存在一些安全问题。其中,串扰电流会影响数据的稳定性。原因在于高密度PCM中,采用二极管作为选通管的制备工艺,会形成相邻二极管之间的寄生三极管,而寄生三极管的串扰电流也会对数据产生负面影响。因此,如何避免串扰电流对PCRAM的影响是当前PCRAM研究领域亟待解决的问题。

同时,PCRAM中数据保存时间也和相变材料非晶态的热稳定性有关,即PCRAM材料需要较高的结晶温度,并且晶体熔点也不能太高,以降低功耗。此外,晶体相变前后的体积变化也可能影响存储器的可靠性,因为材料在相变过程中会发生体积变化,导致相变材料与其电极材料的剥离,从而导致设备失效。

针对PCRAM的可靠性问题,研究人员提出了使用磨损均衡技术来延长PCRAM的使用寿命。磨损均衡技术是通过均衡每一个存储单元的使用次数,从而降低被耗用的存储器单元的密度,从而延长整个PCRAM的使用寿命。该技术主要包括硬件辅助和软件辅助两类。

硬件辅助技术包括存储页级、存储块级和存储线级三类,可根据技术粒度的不同来划分。存储页级的技术会将数据划分为不同的页,并控制每个页被使用的次数。存储块级的技术则将同样大小的存储单元划分为多个块,并根据每个块的状态决定是否进行数据转移。存储线级的技术会将存储单元划分为不同的线,并对每条线的使用情况进行监测和控制。虽然硬件辅助技术能够在不影响写操作总数的情况下增加使用寿命,但也增加了硬件的复杂度。

另一种技术为软件辅助技术,其中包括操作系统层面和编译层面。操作系统层面的技术主要是将相同的数据分配到不同的页或块中,从而实现平衡存储器的使用次数。编译层面的技术则是在程序编译时,采用一些特殊的算法,将数据的使用均衡化。

3. RRAM

阻变式存储器(resistive random access memory,RRAM)是一种具有革新性的非易失性存储器技术。RRAM具有高速、高密度和低功耗等优秀特性,使其在各类存储器中独树一帜。典型的RRAM结构由两个金属电极之间夹持一层薄介电层组成,这层介电层也是离子传输和储存的关键介质。材料的选择对于RRAM的实际工作机制具有重要影响。尽管不同的材料可能会产生不同的效果,但它们都有一个共同点,即通过外部刺激(如电压)引起储存介质中离子的运动和局部结构变化。这些变化导致了电阻的变化,利用这种电阻差异,RRAM就可以存储和显示数据。

这种电阻变化的机制可以归因于多种因素,包括离子迁移、化学反应、相变等。在接受外部刺激时,离子从高电阻状态迁移到低电阻状态,或者反之,从而实现了数据的写入和擦除。这种电阻的变化可以持久保持,使得RRAM具有非易失性存储的特性。

RRAM是一种具有广泛研究应用和发展前景的新型存储器。与闪存相比,RRAM具有更快的读写速度、更高的存储密度和更低的功耗。RRAM是由离子运动引起电阻变化的一种非易失性存储器,可以实现高速、低功耗、高密度的存储。目前,RRAM已经得到广泛的关注,成为了新一代存储器技术的研究热点之一。

由于RRAM存储器的存储介质是电阻,它很容易受到电压攻击。攻击者可以通过改变电压来破坏RRAM中存储的信息。因此,在设计RRAM电路时需要进行额外的保护,从而保护存储的信息。我们需要研究电路保护技术,以确保系统的安全性。

通过上述内容简单介绍了几种新型存储器中以及每种存储器中存在的安全问题,每种存储器具有的优点和应用范围都有所不同。其对比情况如表2-2所示。

表2-2 新型存储器NVRAM、PCRAM、RRAM对比

存储器	优点	缺点	应用场景
NVRAM	快速访问、数据持久性好	数据一致性、安全和可靠性问题	数据中心、云计算
PCRAM	可编程性强、功耗低	容量受限、价格较高	存储器芯片、高性能计算
RRAM	读写速度快,功耗低,密度高	写入次数有限	嵌入式系统、大数据处理

数据是计算机当中最为重要的部分,每个人作为计算机的使用者需要认识到保护数据存储安全的重要性。需要了解不同存储设备使用时的注意事项、易发生的安全问题等。在日常使用计算机过程中要做好对重要数据的加密保护,并能够周期性地备份重要数据,避免因数据丢失产生的损失。

第3章

常用的存储安全技术

3.1 存储安全事例

1. 微软公司承认存储服务器配置错误导致全球客户数据泄露

2022年9月24日,SOCRadar公司的内置云安全模块发现微软公司的Azure Blob产品存在存储配置错误的问题。此问题对知名云服务提供商的敏感数据安全性造成了影响。SOCRadar公司将此次的数据泄露统称为BlueBleed。SOCRadar公司对配置错误的服务器进行了调查,发现暴露的文件数据总计为2.4 TB,文件时间从2017年1月至2022年8月,其中包括数十万执行证明(PoE)、POC工程、各类公司项目文件(如内部意见书、营销策略、目标客户资产文档、财务发票、带有签名的协议等敏感数据),涉及111个国家/地区的6.5万多个实体。2022年10月20日,微软公司安全响应中心发布公告,承认了这是由于错误的服务器配置导致数据泄露。

2. Booz Allen Hamilton数据泄露事件

Booz Allen Hamilton是一家国防承包商公司,该公司的数据涉及美国政府的人员信息、系统密钥、涉密设施信息、情报信息,以及其他相关承包商的涉密和敏感信息。

UpGuard公司发现了Booz Allen Hamilton公司的服务器存在数据泄露问题,泄露的数据量约为28 GB,包括美国政府系统的口令、持有绝密设施许可的政府承包商的六个未加密密码、高级工程师的证件以及美国国家地理空间情报局(NGA)的相关信息,可能导致美国使用间谍卫星和无人机收集的地理空间数据暴露。此外,该服务器还拥有数据中心操作系统的核心证书,以及用于访问五角大楼系统的其他证书,攻击者可能通过该暴露的服务器进一步获取机密情报信息。

3. ParkMobile数据泄露事件

ParkMobile是在北美非常流行的一款移动停车APP,该应用提供了查询街头空置停车位的功能，同时可以完成应用内支付停车费、停车费折扣活动、道路救援等增值服务。这些服务需要使用车辆识别信息、车主的身份信息、通信地址以及在线支付信息。

2021年3月，ParkMobile被发现涉及一起与第三方软件漏洞相关的数据泄露事件。在该起事件中，公司存储的用户车牌号、电子邮件地址以及部分用户的通信地址等关键隐私数据被盗取。

4. LastPass云存储数据泄露事件

LastPass是一款跨平台的密码管理器，用户可以通过设置主密码来加密保存其他的账号与密码，甚至存储信用卡密码等，在输入时通过主密码解锁LastPass软件就能完成密码自动填充，同时具备在线同步、高强度密码生成等功能。

据Bleeping Computer报道，2022年8月，LastPass遭受网络攻击并发生敏感数据泄露。同年11月，攻击者再次发起网络攻击，并利用之前窃取的数据扩大了攻击面，盗取了用户的基本账户信息、IP地址、未加密的账号或网站信息，以及加密保护的用户名、密钥、加密笔记等信息。2022年12月，LastPass软件的首席执行官公开承认了公司受到网络攻击并发生数据泄露，但他声称用户在线保存的账号和密码信息仍然安全，因为这些信息受到AES256加密算法的保护，只有用户的主密码能够解锁这些信息，而LastPass本身不存储用户的主密码，只要用户妥善地保管其主密码，用户的信息仍然是安全的。但是需要“妥善保管”的主密码也是问题所在，该主密码需要用户自己记忆，因此用户通常会设置为低强度的密码，或者设置为姓名、生日、手机号等与用户相关信息的组合，这容易通过暴力破解或者社会工程手段被攻击者窃取。

3.2 常用的安全技术

随着互联网应用的普及，大数据已成为开放网络空间中的主要攻击目标。大数据主要依托于云存储，多数大数据存储的安全保护措施不够完善，使其更易成为被攻击的目标。存储安全技术通过对存储数据进行审计、加密等操作来提高存储数据的完整性、可用性和机密性。数据加密存储、数据访问控制、数据备份和恢复以及数据清除和销毁是其中常用的四种技术。

• 数据加密存储保证了在存储阶段数据的机密性和完整性，加密算法可以分为对称加密和非对称加密。对称加密的速度较快，但需要保证密钥的安全性，非对称加密安全性更高,但加密与解密的速度较慢。同时,还可以根据数据的分类、分级而提供不同的加密措施,包括全部加密、部分加密和不加密等。系统应支持加密技术来确保数据的安全性和完整性。

• 数据访问控制实现了数据访问请求的筛选,通过设置访问控制策略,规定授权主体对数据的访问规则。此外,不同的账号应该被赋予完成各自任务所需的最小权限,以保证数据的安全。对敏感数据设置安全标记,并通过控制主体对带有安全标记的信息的访问来保护数据的安全。

• 数据备份和恢复是确保数据可用性的关键手段之一。备份数据应采取与原始数据一致的安全保护措施,并且需要定期检查备份数据的可用性。

• 数据清除和销毁不仅是保护数据不被非授权访问的重要手段,也是防止数据泄露和保障信息安全的关键环节。企业和单位应根据数据的等级和分类建立相应的数据清除和销毁机制。例如:对于高度敏感的数据,应规定在特定时间后进行彻底的数据清除或物理删除;对于一般敏感的数据,可以在数据不再需要时进行复写或删除操作。同时,应定期检查与监督数据清除和销毁的执行情况,确保数据的机密性和完整性得到保障。此外,国家重要数据是国家战略资源的重要组成部分,对于涉及国家重要数据的信息系统,应采取更加严格的数据清除和销毁措施,确保国家安全和保密工作万无一失。

在运用存储安全技术时,应根据不同的需求采取相应的技术措施。存储安全技术需要持续地进行研究和发展,以满足信息安全的需要。在保障数据安全方面,需要持续不断地提升技术水平,保护数据的可用性、完整性和机密性。

3.2.1 数据加密存储

在今天的数字时代,数据是任何组织的重要资产,无论是企业的财务数据、医疗记录、个人隐私信息,还是政府的敏感信息,都需要受到高度的保护。然而,随着云计算和远程存储的普及,数据的传输和存储变得更加容易,但也更容易受到恶意访问和数据泄露的威胁,数据加密存储技术应运而生,成为保护敏感信息的关键措施之一。数据加密的本质是通过一些算法将原始的明文文件或数据转换为不可读的代码,这通常被称为密文。即使攻击者截获了乱码,也不能使用乱码来获取原始内容,这有效地保护了数据的机密性,防止了数据被篡改。被授权访问的用户可以使用相应的私钥解密文件,然后更新、修改密文。

数据加密存储技术是一种用于保护数据在存储过程中的安全性和机密性的方法。它涵盖了在不同存储介质上,如硬盘驱动器、云存储、数据库等,对数据进行加密的各种技术和方法。以下是一些常见的数据加密存储技术和相关概念。

1. 硬盘驱动器加密

硬盘驱动器加密是一种将数据放在物理存储介质上进行加密的方法,通常用于保护本地存储数据。硬盘加密的工作原理涉及使用密钥来对磁盘上的数据进行加密和解密。自加密驱动器(SED)是一种常见的实现方式,它集成了硬件和固件,可以自动执行加密和解密操作。这种方法有效地保护了硬盘上的数据,即使磁盘被物理访问,也无法轻易获取敏感信息。BitLocker(在 Windows 中)和 FileVault(在 macOS 中)是示例软件级硬盘加密工具,它们提供了用户友好的方式来保护数据,同时避免了磁盘被盗或遗失时的数据泄露。

2. 云存储加密

云存储加密是用于云服务中保护数据的关键技术。它包括客户端端到端加密和服务端加密两种方法。客户端端到端加密要求数据在离开用户本地设备之前就进行加密,这意味着云服务提供商无法解密数据。这种方法对于极度敏感的数据非常有用,但也需要用户承担密钥管理的责任。服务端加密则是在云服务器上对数据进行加密,能确保数据在存储和传输时受到保护。这种方法提供了更多的便利性,但也涉及信任云服务提供商的问题。此外,存储介质级别的加密,如硬件安全模块(HSM),还可以进一步增强数据在云存储中的安全性。

3. 数据库加密

数据库加密是一种用于保护数据库中存储的数据的技术。它包括数据字段加密和透明数据加密(TDE)两种主要方法。数据字段加密允许用户选择特定字段进行加密,以保护特定数据,如个人身份信息或敏感业务数据。这种方法需要密钥管理,并可能导致性能开销。透明数据加密(TDE)则更适用于整个数据库的加密。它通过加密数据库的整体内容和日志文件来提供全面的保护,这是对整个数据库层面的加密。透明数据加密(TDE)是一种数据库引擎级别的加密,通常不需要更改应用程序代码,因此更容易实施。这种方法增加了数据库的整体安全性,适用于许多合规性要求,如 HIPAA 或 GDPR。

4. 文件加密

文件加密是一种广泛应用于保护单个文件或文件夹的技术。整个文件可以在存储或传输之前进行加密,以确保即使文件被盗或共享,也只有授权用户可以解密和访问文件内容。文件系统加密是一种将文件系统级别的加密应用于整个操作系统的方法,可以在文件夹或文件级别启用或禁用。这提供了细粒度的控制,能让用户选择哪些文件或文件夹需要额外的保护。文件加密技术对于个人隐私、商业机密和法律合规性要求都至关重要。

5. 对象存储加密

对象存储加密是一种用于在对象存储系统中保护存储对象的技术。每个对象(如文件、文档或图像)可以单独进行加密,确保只有授权用户可以解密和访问对象内容。这种方法允许更精细的访问控制,因为每个对象都可以使用不同的密钥进行加密。对象存储通常用于云存储和大规模数据存储,因此,加密对于确保数据安全性至关重要。

6. 备份数据加密

备份数据加密是一种确保备份数据安全性的关键技术。备份数据通常包含组织的敏感信息,如客户数据、财务记录和知识产权。因此,备份存储应采用相同的加密措施来保护数据的安全性。这包括对备份数据进行硬盘驱动器加密、云存储加密或数据库加密等,以确保即使备份数据在传输或存储过程中丢失或泄露,也不会导致机密信息的曝光。备份数据加密通常与备份策略和灾难恢复计划相结合,以确保组织对数据的完全掌控和保护。

3.2.2　数据访问控制

1. 访问控制的定义

访问控制是安全领域的基本元素,确定谁可以在怎样的情况下访问特定的数据、应用和资源。如同钥匙和预先批准的来宾列表保护着物理空间一样,访问控制策略也可以用同样的方式保护数字空间。换句话说,就是让对的人进来,把错的人挡在外面。访问控制策略极其依赖身份验证和授权等技术,这些技术允许组织明确验证用户的身份是否真实,以及允许组织是否根据设备、位置、角色等上下文向用户授予相应级别的访问权限。

访问控制能保护机密信息(如客户数据和知识产权),使其免于被图谋不轨的人或其他未经授权的用户窃取。访问控制还降低了员工泄露数据的风险,并将基于Web的威胁拒之门外。大多数安全驱动的组织都不是手动管理权限,而是依靠身份和访问管理解决方案来实现访问控制策略。

2. 不同类型的访问控制

1) 自主访问控制(discretionary access control,DAC)

在DAC模型中,受保护系统中的每个对象都有一个所有者,由所有者根据自己的判断将访问权限授予用户。DAC对资源提供具体问题具体分析的控制方式。

2) 强制访问控制(mandatory access control,MAC)

在MAC模型中,用户通过审核批准的形式被授予访问权限。由一个中央授权机构负责管理访问权限,并将访问权限整理为范围均匀的不同层级。这种模式在政府和军事环境中很常见。

3) 基于角色的访问控制(role-based access control,RBAC)

在RBAC模型中,访问权限是基于明确定义的业务职能而不是个人身份或资历进行授予的。该模型的计划是仅向用户提供完成其工作所需的数据,而不提供任何多余的数据。

4) 基于属性的访问控制(attribute-based access control,ABAC)

在ABAC模型中,会灵活地结合时间、地点等特性和环境条件来授予访问权限。ABAC是最为精细的访问控制模型,且有助于减少角色分配的数量。

3. 访问控制的原则与多级安全策略

访问控制用于在确认用户的合法身份后,通过特定途径允许或限制用户对数据信息的访问能力和范围,以阻止未经授权的资源访问。安全策略是主体对客体的访问规则集,用于限制主体对客体的访问权限。在安全策略的制定和实施中,要遵循下列原则。

最小特权原则:根据主体所需权利的最小化分配,尽可能少地赋予主体权利。这样可以降低主体滥用权利的风险,从而提高系统的安全性。

最小泄露原则:在权限行使过程中,尽可能减少主体获得的信息量。这样可以避免敏感信息的泄露,从而保护系统的隐私性。

在访问控制中,多级安全策略也是非常重要的一环。多级安全策略是指在不同的安全级别之间采取不同的安全措施,以防止高级别的信息泄露给低级别的主体。例如,可以采取信息加密、访问控制等措施来保护敏感信息,同时也可以设置不同的访问权限,以避免低级别用户对高级别资源的访问。

4. 访问控制的实现

访问控制是通过一系列规则限制用户访问系统中的资源,以确保只有授权用户才能得到相应的访问权限,保证系统的安全性。在访问控制中,如何表达和使用规则是实现访问控制的关键。以下介绍几种常用的访问控制方式,并对其进行讨论和比较。

1) 访问控制列表

访问控制列表(access control list, ACL)是目前较为流行的访问控制方式之一。ACL通过文件来表示访问控制表,其规则相对简单,实现相对容易,能够快速、有效地控制访问权限。由于对系统性能的影响较小,因此在许多系统中广泛应用。

2) 访问控制矩阵

访问控制矩阵(access control matrix, ACM)是一种常见的访问控制方式,它以矩阵形式表示访问控制规则和授权用户的权限。具体而言,ACM对每个主体指定了能够访问的对象范围及相应的访问权限。ACM的优点在于它的直观性和明确性,可以非常清晰地规定访问权限。然而,这种方式的缺点是查找和实现起来具有一定的难度。特别是在需要管理大量文件的情况下,ACM的规模将呈几何级数增长,因而占用大量系统资源,导致系统性能下降。需要注意的是,在实际应用中,选择哪种访问控制方式取决于特定的应用场景和需求。对于一些需要高度安全性的系统,可能需要采用更为复杂的访问控制方式,而对于一些简单的系统,简单的访问控制策略可能就足够了。

3) 访问控制能力列表

访问控制能力列表(access control capabilities list, ACCL)是一种以用户为中心的访问控制表,用于描述用户对资源的访问能力。在ACCL中,每一行都是一个功能列表,表示用户可以执行哪些操作。每一列都是一个访问控制列表(access control list, ACL),表示用户可以访问哪些资源。在ACCL中,能力是访问控制的关键概念,是指主体可以执行的操作,而权限则是指主体可以访问的资源。在ACCL中,能力通过Ticket表示,授权Ticket表明持有者可以以何种方式访问特定的对象。

4) 访问控制安全标签列表

访问控制安全标签列表(access control security labels list, ACSLL)是用于限定用户对目标对象访问的安全属性集合。安全标签是一组安全属性信息,限制并附属于主体或目标,构建了一个严格的安全等级集合。ACSLL可以实现精细化的访问控制,但实现起来较为烦琐,因此在实际应用中较少用到。

在实际应用中,访问控制方式应基于实际需求和场景来选择与决定。不同的访问控制方式各有千秋,没有绝对优劣之分。根据实际情况,合理运用访问控制策略和技术,可以有效地保护系统资源和敏感信息,提高系统的安全性,实现信息安全的目标。

5. 访问控制与授权

授权是信息管理中的一个重要问题,它涉及数据资源的使用和保护。授权的基本含义是对一个(或多个)用户提供使用某个资源的权限,而不同的用户具有不同的使用权限。通常情况下,我们可以通过建立授权模型来描述一种信任关系,以保证授权的准确性和可靠性。这种模型包括许多个因素,比如用户的身份、组织结构、数据的机密性和完整性等。

在个体和小型群体中,授权可能很容易实现。然而,当我们要处理大型企业、跨地区、跨国集团时,正确地授权就变得异常困难。这时,建立一种有效的授权模型就变得尤为重要。如果没有合适的授权模型,就很难保证数据的安全性和统一性,甚至会出现不可预见的后果。在许多应用场景中,授权是一个非常重要的问题。例如,在企业内部,为了保证数据的安全性,需要限制不同的用户对各种资源的访问权限;在政府部门,为了保护国家的安全,也需要有严格的授权管理制度。另外,随着互联网和移动智能终端的普及,授权已经渗透到各个领域。例如,在社交网络中,用户需要授权才能使用第三方应用;在移动支付中,用户需要授权才能完成交易等。

授权和访问控制是密不可分的。通过授权,用户才能够访问到所需的资源,而访问控制则是针对不同用户访问资源的限制。学术界对访问控制的研究已有多年,内容涉及数据模型、策略语言、访问控制技术等方面。当前,主流的访问控制机制包括了基于身份认证、基于角色的访问控制,基于属性的访问控制等。其中,基于属性的访问控制是近年来非常热门的研究方向之一,它通过为用户和资源赋予一系列属性,来实现更为细粒度的访问控制。

为了有效地实现授权,我们需要建立起一个完善的授权机制,包括了可信的授权模型、完整的安全防护体系以及高效的技术支撑。在这一过程中,综合应用各种访问控制技术是非常必要的。同时,也需要充分利用各种技术手段,以提升授权的精确性和智能化水平。

6. 访问控制与审计

为了进一步提高信息系统的安全性和完整性,审计成为访问控制的必要补充,同时也是访问控制的重要内容之一。

审计是指记录和监控用户对信息资源的使用方式、使用时间以及执行何种操作的过程。通过跟踪记录用户在系统中的各种活动,以及监视系统和用户行为,从而发现和纠正潜在的系统安全隐患。通过审计和监控,可以重现原始的过程和问题,这对于责任追查和数据恢复至关重要。此外,审计和监控还具有其他作用,例如评估和改善内部控制的准确性和透明度,发现并解决潜在的问题和风险等。

在现代信息化时代,安全审计已成为非常重要的手段和技术。通过分析审核日志,管理员可以随时查看操作系统和应用程序的安全状态,及时发现和解决安全问题,确保系统及其资源免受非法用户的侵害。此外,审计跟踪不但有助于保证系统的安全性和可靠性,还能提供对数据恢复的帮助,为业务流程的顺畅运作提供了有力的支持。

审计和监控是保障信息系统安全的必要手段,也是信息安全的关键技术。它能够发现系统中潜在的安全隐患,提供有力的数据后盾,为系统安全和业务流程运作提供了强有力的支持。因此,在构建信息系统时,我们应高度重视审计和监控的必要性,采取有效措施,确保信息系统的安全性和完整性。

3.2.3 数据备份和恢复

1. 数据备份和恢复的定义

数据备份和恢复是创建与存储数据副本的过程,可用于防止数据丢失。这有时称为“运营恢复”。从备份中恢复涉及将数据还原到原始位置或备用位置,以用于替代丢失或损坏的数据。正确的备份副本存储在与主数据不同的系统或介质(如磁带)中,以防止因主硬件或软件故障而导致数据丢失。

备份的目的是创建一份数据副本,以便在主数据发生故障时可以恢复这些数据。主数据故障可能是由于硬件或软件故障,数据损坏或人为事件(例如恶意攻击(病毒或恶意软件)或意外删除数据)造成的。通过备份副本,可以从较早的时间点还原数据,以帮助企业从计划外事件中恢复。

将数据副本存储在单独的介质上对于防止主数据丢失或损坏至关重要。这种额外的介质可以很简单,比如外部驱动器或 USB 记忆棒;也可以更大,比如磁盘存储系统、云存储容器或磁带驱动器。备用介质可以与主数据位于同一位置,也可以位于远程位置。由于可能发生与天气相关的事件,因此需要在远程位置创建数据副本。为了获得最佳结果,备份副本需要定期进行一致的复制,以最大限度地减少数据丢失。备份副本间隔的时间越长,从备份中恢复时发生数据丢失的可能性就越大。保留多个数据副本能够灵活地还原到未受数据损坏或恶意攻击影响的时间点。

2. 数据备份技术

1) 网络备份

网络备份技术使用专用服务器保存用户上传的文件数据。专用服务器通常都拥有较大的容量,能够大量备份用户数据;另一方面也方便对备份进行管理,能针对不同的使用场景设置差异备份与增量备份等,增强系统的安全性。

2) SAN备份

SAN(storage area network)备份技术相比于网络备份技术更加灵活方便。相比于网络备份,由原来的基于服务器的主机端转变为基于磁盘控制器的架构,提高了数据存取速度和数据安全性,扩展了数据存储的距离,为计算机数据保护提供了保障。

3) 数据远程复制备份

远程备份能够同步远程与本地的数据库,在本地计算机遭到破坏时,通过远程数据服务器中的备份数据恢复本地原始数据库,确保计算机系统可以更加高效安全地运行,避免遭受自然灾害和网络攻击等意外情况的影响。

3. 数据恢复技术

1) 数据库运行

恶意攻击者可能会对计算机系统造成严重的数据安全威胁,一旦系统被攻破可能会导致大量数据被攻击者窃取、加密或者删除。简单的网络攻击可能通过对数据库撤销操作进行恢复,但更多时候网络攻击会造成严重的数据损坏,这时一般需要将原有的备份放在新的存储载体上进行数据恢复。

2) 检查点

检查点是通过备份的操作日志对数据进行恢复。用户可以查找数据库的操作日志,使用计算机程序将数据库状态恢复到之前某一次数据库指令运行之前的状态。

3) 阴影页

阴影页技术与检查点技术非常相似。检查点技术是一种通过检查计算机日志来修复数据的方法。它通常用于创建系统状态的快照,以备份或在需要时还原系统。而阴影页是指在计算机发生异常时产生的备份页数据,用于修复异常数据。这种技术的目的是确保在发生故障或错误时能够快速而有效地恢复系统的一致性和可用性。但是阴影页的数据可能与系统当时的运行状态相关,需要经过处理提取可用的恢复数据,一般不作为首选的数据恢复方法。

3.2.4 数据残留和销毁

1. 数据销毁定义

数据销毁是指通过各种技术手段将存储设备(如计算机硬盘、U盘、网络存储等)中的数据彻底删除,使未授权用户无法再访问或恢复这些数据。这通常涉及将文件或数据流彻底覆盖或破坏,使其无法再被还原或解密。数据销毁对于保护敏感和关键数据的安全至关重要。例如,在国防、行政、商业等领域,存在大量需要销毁的数据以满足保密要求。如果这些数据未被正确销毁,可能导致信息泄露,损害组织利益或国家安全。数据销毁有多种技术方法,包括物理破坏(如通过物理方式破坏存储设备)、软件删除(通过特定的软件彻底删除文件或覆盖数据)、加密(使用强大的加密算法对数据进行加密,使其无法被未授权用户解密)等。由于信息载体的特性不同,相比纸质文件,数据文件的销毁技术更为复杂,程序更为烦琐,成本也更高昂。这需要投入更多的人力、物力和技术资源来确保数据的安全销毁。在某些行业或国家,对于数据销毁有特定的法律或规定要求。组织需要遵守这些规定,并采取适当的措施确保数据的正确和安全销毁。针对不同类型的数据和存储设备,风险评估是进行数据销毁的关键环节。根据数据的敏感性和重要性,选择适当的销毁方法和技术,以确保数据的安全和保密性。

2. 数据残留与硬盘存储原理

在信息科技日益普及的背景下,数据安全问题日益突出,尤其是数据销毁的重要性更是受到重视。在数据销毁的过程中进行删除或格式化等操作时,往往会产生一定程度的数据残留。因此本节通过探讨硬盘数据存储原理,重点分析了数据销毁中存在的问题以及解决方法。

硬盘是计算机中最主要的存储设备,其数据结构主要由固件区、主引导记录、各分区系统引导记录、文件分配表、文件目录区、数据区等组成。当我们在计算机中进行数据存储时,这些数据会被随机地分布在磁盘的各个位置上,并以扇区为分配单位进行存储。只要数据区未受损坏,数据就不会完全销毁,因而存在恢复的可能性。因此,为了彻底销毁硬盘中的数据,我们需要采取更加安全和有效的措施。

首先,我们需要注意硬盘的替换扇区。磁盘的替换扇区是硬盘在出厂时,由厂商隐藏的数据区域。这些扇区主要用于存储硬盘制造商的私有数据,例如硬盘的序列号、生产日期、用于故障诊断和恢复的固件信息等。有时,硬盘制造商也会使用这些扇区来存储预装的操作系统或恢复映像,以便在硬盘出现问题时进行恢复。由于这些扇区不在常规的文件系统范围内,用户无法直接访问它们。只有在固件级别上,使用特定的工具或密码才能访问这些扇区。这也提供了一种安全机制,可以保护硬盘制造商的私有信息,以及用于故障恢复和诊断的数据。但是硬盘厂商可能在出厂时就把恶意软件写入固件,进行供应链攻击。当硬盘被用于关键敏感的计算机中,硬盘中的恶意程序自动运行,将数据保存到替换扇区中,完成数据窃取。而且从软件层面无法发现这种数据泄露,成为数据销毁的死角。为了消除这种死角,我们需要将替换扇区中的数据同样销毁。

其次,在计算机存储安全中,磁化效应是一个不可忽视的因素。由于磁性介质的特性,它们会不同程度地永久磁化,因此,即使抹除操作后,磁介质上仍可能留有残余数据。这些残余数据可能被恶意者通过高灵敏度的磁力扫描隧道(MST)显微镜探测到,通过一定的分析计算,可以实现原始数据的“深层信号还原”,从而恢复原始数据,引发数据泄露等安全问题。为了避免这种问题,必须对硬盘采取更高标准的安全销毁措施。

安全销毁硬盘数据的方法有很多,其中包括磁化反转、磁盘破坏、化学处理、热处理等方法。其中最常用的方法是进行磁化反转,这可以使硬盘上的数据被完全抹除,并且不会留下任何数据残留。但是,这种方法存在一定的局限性,需要使用专业设备和技术人员进行操作,对于普通用户来说,使用较为困难。因此,在实际应用中,我们需要根据不同情况采取不同的数据销毁方法。

3. 数据销毁方式

销毁数据的方法可以分为软销毁和硬销毁两种。

1) 数据软销毁

软销毁,又称逻辑销毁,主要采用数据覆盖等软件方法进行数据销毁或擦除。它通常用于删除存储在计算机系统中的敏感或机密信息。在软销毁过程中,原始数据会被替换、覆盖或删除,使其变得无法再访问或恢复。

数据覆盖是当前最常用的数据销毁方法,它涉及将非敏感数据写入先前存储敏感数据的硬盘区域。硬盘上的数据以二进制形式存储,包括"1"和"0"。为了确保数据无法恢复,预先定义的无意义或无规律的信息需要反复多次覆盖硬盘上原先存储的数据。根据覆盖的顺序,可以将其分为逐位覆盖、跳位覆盖、随机覆盖等模式。这种方法处理后的硬盘可以再次使用,特别适用于需要销毁某一具体文件而不能破坏其他文件的情况。然而,需要注意的是,覆盖软件必须能够确保对硬盘上所有的可寻址部分执行连续写入。如果在覆盖期间发生错误、扇区损坏或软件被恶意修改,处理后的硬盘仍有数据恢复的可能性。因此,该方法不适合用于存储高度敏感数据的硬盘。对于这类硬盘,必须采取更为安全的硬销毁措施。

2) 数据硬销毁

硬销毁是指采用物理手段破坏信息存储介质(如硬盘、U盘等),使其失去信息存储能力的一种方法,包括消磁、熔炉中焚化、熔炼、借助外力粉碎、研磨磁盘表面等。下面详细介绍这些方法。

消磁:磁性存储介质(如硬盘、软盘、磁卡、磁带等)的信息是依靠磁性颗粒的排列组合进行存储的。在消磁过程中,通过强磁场将磁性颗粒沿场强方向一致排列,使其失去表示数据位的作用,达到清除数据的目的,适用于需要对整个磁盘的数据不加区分完全清除的情况。

焚化、熔炼:焚化是将存储介质放入高温熔炉中焚烧,使其完全熔化成液体状态,无法再被还原成原始数据。这种方法适用于无法读取、复制或删除的存储介质。熔炼是将存储介质焚化后的液体倒入冷水中凝固成块状物,这两种方法都需要严格的安全措施和特殊的设备。

借助外力粉碎、研磨磁盘表面:通过外力将存储介质粉碎成细小颗粒,或研磨掉磁盘表面的涂层，使其无法再被读取或复制。这种方法适用于各种存储介质，但需要强大的外力、专业的设备以及严格的安全措施。

总而言之，硬销毁方法费时、费力，一般只适用于保密要求较高的场合。

对于一些即使经过消磁后仍未能满足保密要求的磁盘，或者已经损坏需要废弃的涉密磁盘，以及曾经记录过绝密信息的磁盘，必须送交专门机构进行硬销毁处理。同时，硬销毁过程中需要注意安全和环保问题，避免造成二次污染和安全隐患。

3.3 内存安全

3.3.1 内存安全简介

内存安全(memory safety)问题是指在访问存储器时，出现缓冲区溢出、迷途指针等和存储器有关的程序错误或漏洞，这些错误和漏洞来源于计算机的运行逻辑和编程语言的缺陷。实际上，计算机在进行任何操作时，都需要将运行的代码和待处理的数据读取到内存中，如果攻击者能够非法入侵内存空间并对内存空间的数据进行读取或篡改，就能达到获取用户隐私、非法提升用户权限、强制执行恶意代码等目的。而计算机之所以能够非法访问内存空间，很大程度上是因为编程语言没有进行严格的内存空间管理，例如C和C++语言的指针可以进行许多的指针运算，访问存储器时也不会进行边界检查，攻击者针对这些内存不安全的语言进行攻击使程序执行异常的行为和逻辑。

内存安全问题主要涉及内存中的数据和控制流。控制流数据是指用于控制程序执行流程的数据，如函数返回地址、对象指针等。攻击者通过篡改这些控制流数据，可以控制程序的执行路径，从而实现控制流劫持攻击，这是内存安全问题中最为常见且危害最大的形式之一。与此相反，非控制流数据则是指不直接影响程序执行逻辑的数据，如用户输入、变量值等。这些数据虽然不会直接导致控制流劫持攻击，但由于涉及用户输入等重要数据，攻击者滥用这些数据可达到涵盖控制流数据的攻击等危害性目的。因此，对于内存安全问题而言，对这两种数据的防御都是非常必要的。

3.3.2 控制流劫持攻击和防御

1. 控制流劫持攻击

控制流劫持攻击是主流的经典攻击方法之一。攻击者利用系统漏洞，将恶意代码注入进程的内存空间中，劫持关键的控制流数据，如函数调用栈的ret地址，使原本正常的程序跳转到恶意代码继续执行，这时恶意代码能够以受攻击进程的权限和资源运行，具有极大的破坏力。

控制流劫持攻击主要分为两类，共同点是都要先搜索控制程序流的关键代码指令和数据。控制流劫持可以划分为以下五种不同情形：第一，直接的Jmp指令的操作数通常是一个常量，通过静态分析能够得到它的目的地址，例如循环或者条件语句可以通过直接Jmp指令来控制执行流的变化；第二，Call指令与Jmp指令的情况相似，也是调用了一个静态常量地址；第三，间接Jmp指令在程序运行中动态计算调用的目的函数地址，如条件语句的分配表地址；第四，间接的Call指令与间接Jmp指令类似，同样需要在运行时计算调用的函数地址；第五，函数返回时，Ret指令的操作数据应根据Ret指令对应的Call指令的下一条指令所在的地址来确定。相关的控制数据总结如表3-1所示。

表3-1 相关控制数据

序号	描述
1	直接Jmp指令的操作数
2	直接Call指令的操作数
3	Ret指令的操作数
4	间接Jmp指令的操作数
5	间接Call指令表示为函数指针时的操作数
6	间接Call指令表示为调用虚函数表时的操作数
7	间接Call指令表示为消息触发例程时的操作数
8	控制转移指令表示为例外触发时的操作数
9	控制转移指令表示为动态链接、独立编译等模块化特征时的操作数

攻击者通过篡改上述程序的关键控制流地址数据，使原本的良性进程非法跳转到恶意代码的部分继续执行。恶意代码可能通过shellcode或通过内存操作相关的系统函数等手段完成代码注入。根据恶意代码的来源，有三种经典的控制流劫持攻击示例，如图3-3所示。对于代码注入攻击，攻击者劫持返回地址跳转到注入的shellcode地址。而在返回函数库攻击中，攻击者劫持返回地址跳转到系统敏感的函数地址。在代码重用攻击中，攻击者跳转到精心构造的配件序列地址，系统随后会自动执行恶意代码，完成攻击。

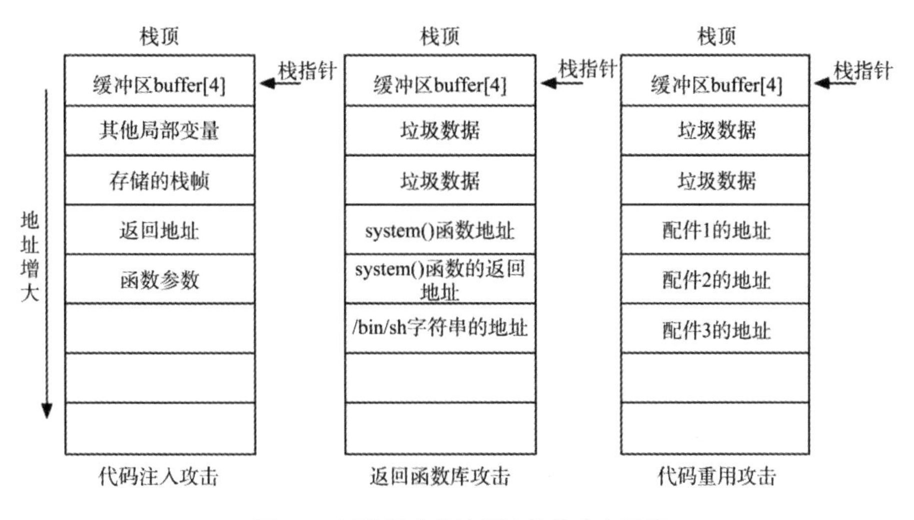

图3-3 三种经典的控制流劫持攻击示例

2. 控制流劫持攻击的防御

为了抵御控制流劫持攻击,一些研究人员采用了动态监控和内存地址随机化等保护措施。例如,堆栈cookie技术通过在堆栈上函数的返回地址前添加标记信息,来防止外部输入的溢出和污染。这种安全机制使得攻击者难以通过溢出操作来篡改返回地址,从而提高系统的安全性。数据执行保护(DEP)技术标记内存页面属性以使数据页面不可执行,从而将代码执行限制在非法注入的内存页面。地址空间布局随机化(ASLR)技术将内存页面的地址随机化,使得攻击者难以直接利用固定控制流地址。因此,这些防御机制可以有效抵御代码注入攻击。

然而,代码重用攻击可以通过利用程序代码中现有的指令序列来绕过DEP,并通过使用诸如返回到libc、面向返回的编程(ROP)和面向跳转的编程(JOP)等技术来绕过ASLR。因此,为了抵抗这种代码重用攻击,研究人员提出了控制流完整性(CFI)和代码指针完整性(CPI)等防御机制。这些理论上可以更好地防御控制流劫持攻击,提高系统的安全性。

如图3-4所示,控制流完整性CFI指的是获取程序的控制流图(control-flow graph,CFG)计算控制流的相关数据,然后对控制流路径进行标记,严格要求程序按照CFG执行,而不能任意跳转到其他地址执行。所以这种方法思路简单,但是静态分析系统的控制流图的计算开销较大。也有研究人员提出了粗粒度的CFI,这种方法仅控制部分关键的控制流路径,提高了执行效率但是降低了部分安全性。

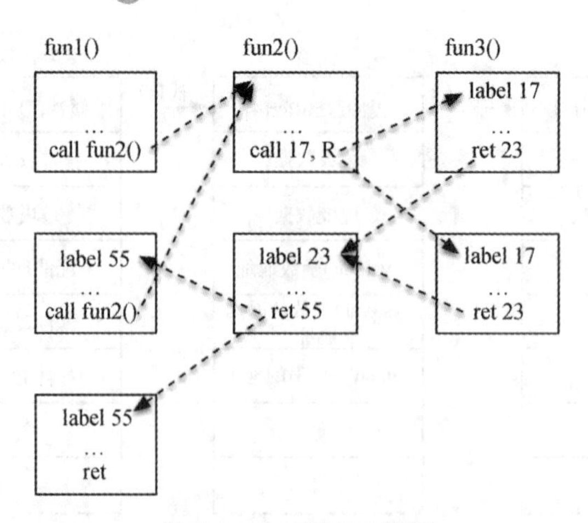

图 3-4 CFI原理示意图

代码指针完整性CPI是在程序执行过程中,分析出程序中包含的敏感指针对象,将敏感指针对象加载到受保护的安全内存区域,只有符合安全规则的指令才可以访问受保护的内存区域,以保护敏感指针地址不被劫持。CPI框架如图3-5所示。

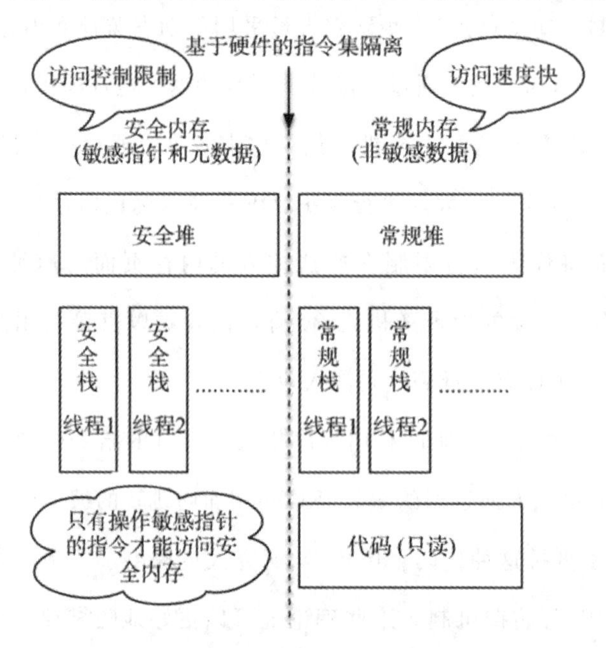

图 3-5 CPI整体架构示意图

3.3.3 非控制数据攻击和防御

1. 非控制数据攻击

随着对控制流劫持攻击防御方法的不断完善,计算机安全领域对非控制数据攻击的关注逐渐增加。传统的非控制数据攻击需要对程序的语义有较高的理解,攻击者才能成功地攻击程序。他们需要了解目标程序运行的内部机制以及可能存在的漏洞,从而触发攻击。近年来,研究者们提出了一种称为控制流弯曲(control-flow bending, CFB)的技术。该技术通过修改关键数据,例如,敏感函数的参数或者与控制流相关的指令地址等,以绕过细粒度控制流完整性(control flow integrity, CFI)的防御措施,并实现信息泄露或提权操作。此后,研究者们还提出了数据导向攻击(data-oriented exploits, DOE)框架和数据导向编程(data-oriented programming, DOP)技术,充分显示了非控制数据攻击的有效性和完备性。以下是一些可能的攻击方式。

首先,当配置文件被篡改时,攻击者可能直接绕过访问控制策略,进而访问敏感文件。其次,客户端和服务器端之间的连接通常会在缓存中保存相应的用户标识,以便同一用户再次发起请求。如果攻击者篡改了缓存中的数据,那么在刷新后,攻击者可能获取额外的操作权限。第三种攻击方式是攻击者利用合法输入绕过程序的验证检查机制,然后污染数据,并利用上下文条件竞争的逻辑漏洞,强制程序使用被篡改后的数据,实现恶意目的。最后一种攻击方式是攻击者篡改系统决策过程中条件判断语句所依赖的数据,从而影响程序的认证结果。这些攻击方式突显了非控制数据攻击对计算机系统安全性的严重影响。以下通过一个具体的实例来说明非控制数据攻击的过程。假设攻击者利用栈溢出攻击用户的输入数据,并向服务器发送一个 GET 命令。由于输入的字符串过长导致栈被溢出,攻击者覆盖了调用函数栈中的寄存器值。当被调用函数返回时,决策变量 authenticated 被污染,导致服务器返回一个超级用户的 shell。

2. 非控制数据攻击的防御

非控制数据攻击的防御可归纳为三类:第一,结合具体语义的躲避防御,如使用控制敏感变量的生命周期,使用关键字控制类和方法的访问权限等;第二,数据随机化,如内存随机化配置,随机分配关键内存地址,使攻击者难以获取敏感的指针地址;第三,污点分析和数据流完整性检测,从数据流确认数据的访问操作的来源是可信的。

1) 躲避防御

以图 3-6 所示的非控制数据攻击实例来说明。其躲避防御机制表现在每次循环启动时对 authenticated 变量的值进行重置,这样一来,攻击者在漏洞触发之前无法持续劫持该敏感变量。这种方法的优点是针对性强,性能开销极小,缺点是通用性不足,只能针对性地对攻击方法生效,需要详细地分析程序的功能语义。为了提高该方法的通用性,也有研究者提出基于编程实现的防御方法,通过关键字声明敏感变量,在引用变量时受控访问。此外,也有其他方法通过静态分析获得程序以外的变量,然后通过动态技术检测程序数据流的合法性。

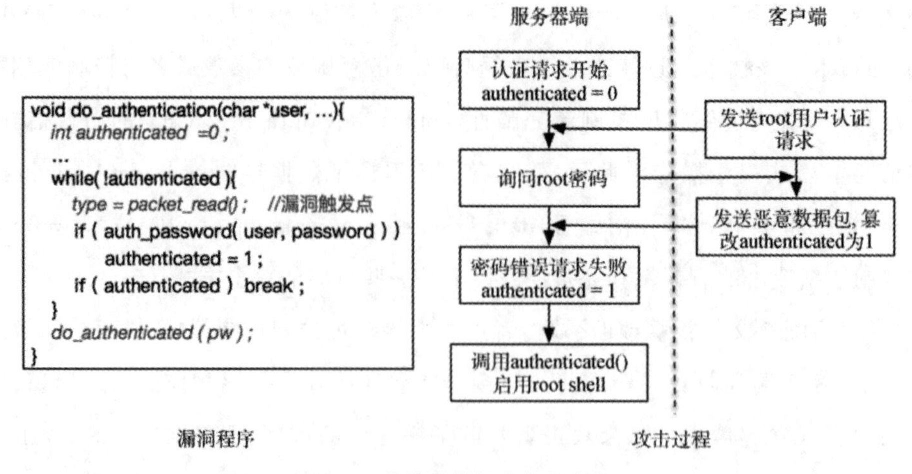

图 3-6 非控制数据攻击示意图

2) 数据随机化

将内存中数据以随机的方式存储,或者通过掩码异或操作来隐藏真实的数据含义,使攻击者难以污染敏感数据的内存数据。该方法的基本的转换思想是将静态数据进行字节变换,每个变量使用不同的掩码,在访问内存数据时再次还原,使攻击者不能找到正确的内存地址。

其中有两种特例,第一种是动态运行时变换过的数据可能产生还原错误,因此在静态分析时应该为同一个间接调用的所有可能变量分配同一个变换掩码。第二种是变量同名问题。同名的不同变量会使用相同的掩码,攻击者可能利用这一点将一个变量溢出到另外的同名变量,进而完成数据攻击。为了解决同名问题,可以把使用相同掩码的变量映射到相互隔离的内存区域,即使攻击者完成了数据溢出,也会触发系统页面错误而终止程序。数据空间随机化相比地址空间随机化的优点是更大的随机空间(32位的数据有 2^{32} 位的空间可能性),但需要编译器的支持,且在最差情况下存在30%的性能损耗。

3) 污点分析和数据完整性检测

从攻击的本质上进行防御,严格检查对关键安全数据的读/写是否合法。具体方式如下。

(1) 给内存添加标记位,然后通过污点跟踪技术保障数据的安全。对于外部输入这类不可信的数据进行标记,程序在运行的时候传播标志位的信息,当外部数据被用作指针且引用不合法时,则认定为恶意行为。

(2) 数据流完整性DFI检测。经典的数据流完整性DFI首先通过静态分析标记所有变量的赋值和引用,生成每个变量引用的合法集合,构建数据流图DFG。其次动态监控程序的每次赋值操作,更新对应的标志且检查是否合法。若发现不合法的赋值操作,则触发警报处理流程。

(3) 写完整性检测。由于传统的DFI实现起来性能开销极大,后来就提出了写完整性测试WIT,它本质上是从粗粒度的角度重新划分了变量赋值的合法策略。在静态分析时,对于每个内存写操作和每个间接控制转移操作,计算出其可能的目的地址集合,然后使用一种着色表结构对写操作和转移操作以及所有静态分析出的有效目的地址分配不同颜色,最后在动态分析时基于代码插桩,检测每个写操作和转移操作的目的地址是否对应正确的颜色。同时为了再次降低效率,在静态分析时就筛选出一些具备安全特性的内存写指令,那么在运行时就可以不做检查。除此之外还提供了额外的保护,改变栈的布局以隔离安全和不安全的本地变量,在不安全的对象周围布置一些Guards或Canaries,对内存敏感的函数如 malloc( )、free( )进行封装处理。

3.4　分布式存储安全

3.4.1　分布式存储简介

分布式存储是一种数据存储技术。在分布式存储架构中,信息被存储于多个独立且互不干扰的设备中。不同于传统的集中式存储,分布式存储采用可扩展的存储结构,这在一定程度上提高了存储系统的可靠性、可用性和访问效率。在分布式系统环境中,随时随地为客户提供服务是非常重要的,这需要对所有计算和网络资源进行适当的时间管理、资源的按时分配和适当的利用。由于分布式系统部署在复杂的网络环境下且部署方式多样化,安全成为分布式系统研究的主要问题之一。

存储容量、带宽和计算资源的快速增长以及存储设备成本的降低,推动了分布式存储系统的普及。使用多个设备进行分布式存储的主要目的是通过多个设备中的冗余存储在某个设备磁盘故障时保护数据,并在大规模分布式系统中提高数据的可用性和用户使用体验。分布式存储系统主要有四种类型:独立磁盘冗余阵列(RAID)、集中式RAID、网络连接存储(NAS)和存储区域网络(SAN)。

SAN和NAS作为两种主要的存储技术方案,相继出现并得到广泛应用。SAN采用了光纤通道(fibre channel,FC)技术,通过FC交换机将存储阵列和服务器主机连接起来,形成专门用于数据存储的网络。由于各个厂商的光纤交换技术差异,服务器和SAN存储之间有兼容性要求。SAN技术设备及其管理较为复杂,但其优点在于可靠性和性能较高,可达到纳秒级的响应时间,适用于大规模的数据存储需求。相比之下,NAS是一种网络存储设备,以其独特的文件存储功能而备受关注。这种存储方案将存储设备与服务器分离开来,以数据为核心,从而可以集中管理数据。这种架构不仅降低了带宽的使用,提高了性能,而且还降低了成本。NAS的成本比使用服务器来存储更低,效率却更高。NAS提供易于使用的统一名称空间、文件访问协议支持、权限管理和数据备份等功能。在实际选择存储方案时,应综合考虑业务需求、数据规模、数据保护、性能要求、可扩展性以及管理复杂度等多方面因素。对于需要大规模数据存储的企业,SAN可作为首选方案,提供可靠性、高性能和灵活扩展性。而对于对存储技术不太熟悉的中小型企业,NAS可作为一个简单易用的存储方案。

3.4.2 分布式存储安全问题

分布式存储系统由多个节点组成,将数据分散存储在这些节点上,以提供高可用性、可扩展性和容错性。然而,这种分散的存储方式也带来了一些安全问题,如访问控制问题、数据安全问题、节点安全问题和通信安全问题。

1. 访问控制问题

访问控制是指系统对用户或进程访问资源的限制和控制。分布式存储系统中可能存在的访问控制问题包括:

未经授权的用户访问数据:如果分布式存储系统的访问控制不够严格,未经授权的用户可能会访问敏感数据。这可能导致数据泄露或盗窃。

未经授权的用户修改数据:如果分布式存储系统的访问控制不够严格,未经授权的用户可能会修改数据。这可能导致数据的完整性受到破坏。

攻击者获取访问控制权限:攻击者可能通过利用系统漏洞来获取访问控制权限,从而访问敏感数据或修改数据。

为了强化访问控制,可以采取以下措施:

强制用户进行身份验证:所有用户在访问分布式存储系统前,必须通过身份验证,确保只有经过授权的用户才能访问数据。

实施权限控制:分布式存储系统应该采用基于角色或基于策略的访问控制方法,以确保用户只能访问其授权的数据和资源。

加强访问控制审计:系统应该记录和监控用户的访问记录和操作记录,以便及时发现访问控制问题。

2. 数据安全问题

数据安全问题是指分布式存储系统中可能存在的数据泄露、数据篡改、数据丢失等问题。这些问题可能由以下原因导致:

数据传输时未加密:如果数据在传输过程中没有得到加密保护,数据可能被截获、篡改或窃取。

存储节点被攻击:如果存储节点被攻击,攻击者可能会篡改或破坏数据。

数据备份不足:如果数据备份不足,当数据丢失时,数据可能无法恢复。

为了保障数据安全,可以采取以下措施。

加密数据:在数据传输和存储时,对数据进行加密保护,防止数据被窃取、篡改或截获。

实施数据备份策略:采取合适的数据备份策略,确保数据备份的数量和位置足够,当出现数据丢失时,可以快速恢复数据。

加强存储节点的安全:分布式存储系统中每个存储节点都应该有适当的安全措施,如使用防火墙、加密存储、定期更新软件等,以防止攻击者入侵。

实施数据完整性检查:对存储的数据进行完整性检查,以确保数据没有被篡改或损坏。

3. 节点安全问题

节点安全问题是指分布式存储系统中可能存在节点被攻击、节点故障等问题。这些问题可能导致数据不可用、数据泄露等。为了保障节点安全,可以采取以下措施。

实施节点故障恢复策略:分布式存储系统中的节点可能会出现故障,需要采取适当的措施及时恢复节点的功能。

实施节点监控和管理:对分布式存储系统中的每个节点进行监控和管理,及时发现并解决节点的问题。

加强节点的安全:分布式存储系统中的每个节点都应该有适当的安全措施,如使用防火墙、加密存储、定期更新软件等,以防止攻击者入侵。

4. 通信安全问题

通信安全问题是指分布式存储系统中可能存在的通信被窃听、通信被篡改等问题。为了保障通信安全,可以采取以下措施。

使用加密通信:在节点之间进行通信时,使用加密通信协议,以确保通信不会被窃听或篡改。

实施身份验证:在节点之间进行通信时,进行身份验证,以确保通信的安全性和可靠性。

实施数据完整性检查:在节点之间进行通信时,对通信的数据进行完整性检查,以确保通信的数据没有被篡改或损坏。

3.4.3 分布式存储系统安全技术

1. 冗余策略

为了保证分布式存储系统的高可靠性和高可用性，数据在存储系统中一般会冗余存储。当某个冗余数据所在的节点出现故障（磁盘坏掉、静默错误、进程挂掉、机器宕机等）时，分布式存储系统能够返回其他冗余数据，从而实现自动容错。分布式存储系统的数据冗余一般有两种方式：副本冗余和纠删冗余。其中副本冗余是最常用的冗余方式，通常为3副本；纠删冗余是为了节省副本冗余的成本，多用于冷数据的存储。

1) 副本冗余

副本冗余是一种数据存储策略，它通过在存储系统中保存相同数据的多个副本，以增强数据的可靠性和可用性。这种冗余可以防止数据丢失或损坏，如果有任何一份副本出现问题，则系统可以从其他副本中恢复数据。在分布式存储系统中，通常会将数据复制到多个节点上，以保证数据的可靠性和可用性。如果某个节点发生故障，其他节点可以继续提供服务，而不会影响数据的可用性。此外，在某些场景下，如在大规模数据存储和共享应用中，为了保证数据的安全性和完整性，也可能会采用副本冗余策略。需要注意的是，在某些情况下，过度的副本冗余可能会浪费存储空间和网络带宽，因此，需要根据实际需求来选择合适的冗余策略。

异步复制：异步复制协议下，主副本写入成功后，不需要等待其他副本的ack，直接修改本地写入成功，然后返回客户端成功即可，比如可以使用单独的线程去异步复制其他副本。好处在于系统的可用性比较好，延迟低，不易出现毛刺；但是一致性比较差，如果主副本出现故障，可能会丢失最后一部分更新操作。

同步复制：主副本需要等待其他副本写入成功，才可以返回客户端成功，往往通过Log的方式实现。同步复制通常需要通过一致性协议来保持其正确性。比如Ceph通过基于OpLog的一致性协议来实现数据的同步复制，确保数据的一致性。

2) 纠删冗余

传统的硬盘级RAID模式存在单点故障无法恢复数据的问题，为避免数据丢失，存储系统需要节点间的冗余保护。Erasure Coding（EC）是一种冗余保护机制，通过计算校验块来实现数据冗余保护。EC将原始数据分成多个块并计算一定数量的校验块来防止数据被破坏或丢失，而存储在其他节点上。当原始数据被破坏或丢失时，存储系统可以利用校验块来恢复原始数据。相比传统的RAID模式，EC具有更高的容错性和更低的存储成本等特点，可以节省存储空间和网络带宽。

分布式存储系统在写入数据时，将数据切分为N个数据块（N为偶数），通过EC编码算法计算得到M个校验块（M取值2、3或4）。

针对服务器级安全：将N+M个数据块和校验块存储于不同的节点中，故障M个节点或M块硬盘，系统仍可正常读/写数据，业务不中断，数据不丢失。

针对机柜级安全：将N+M个数据块和校验块存储于不同的机柜中，故障M个机柜、不同机柜的M个节点或M块硬盘，系统仍可正常读/写数据，业务不中断，数据不丢失。

纠删冗余方式的空间利用率约为N/(N+M)，N越大，空间利用率越高，数据的可靠性由M值的大小决定，M越大，可靠性越高。

2. 副本一致性维护策略

冗余的数据节点可能发生篡改，系统保证其可靠性必须维护存储数据的一致性，服务器组和组间的通信机制在分布式系统中运行，从而成功实现冗余副本一致性。一般情况下，组间通信通过一对多的方式来维护一致性，实现更新传播。分布式系统领域应用的一致性维护技术大致分为以下四种。

被动复制技术(passive replication)：更新仅在主副本上进行，随后更新传播到其他副本。

半被动复制技术(semi-passive replication)：执行异步方式达到的被动复制技术。

主动复制技术(active replication)：要求全部处理用户请求和副本接受的顺序必须相同。

半主动复制技术(semi-active replication)：将被动复制与主动复制同步进行。

3. 资源优化策略

当分布式数据储存系统遭受外界资源破坏时，系统内部使用一部分资源进行防御保护。通常情况下，对于系统内单一节点进行分析时，假定其上的防御资源不大于攻击资源，节点失效或出现故障，此时不能正常运行，反之节点正常运行。与此同时，防御资源也可用于制造一些伪装节点，但它们没有实际功能，只是迷惑攻击者。从而防御资源可用于保护系统节点，也可用于制造一定数量的伪装节点。

4. 投票策略

分布式存储系统通常利用冗余保证正常工作，在各类数据冗余的计算机节点上，通常利用一些投票算法，解决数据存储无效的问题。每一个节点上的一组数据相对独立地得出自己的可靠性结果。比较各个节点之间的结果，协调参与的节点后，得到系统的可靠性评估。

一般来说，许多投票算法需要一个中央统计器来记录每个投票节点的决策信息并做出最终决策。分布式的投票算法不需要中央统计器，同时根据单个节点的决策信息能做出判定。按照投票规则,可以对投票算法模型进行分类。

majority rule(MR):多数准则需要至少一半以上的投票数量做出决策,而且所有投票节点的权重相同。MR投票机制具有较高的可靠性,但是安全性较低。如果绝大部分投票节点失效或出现故障等,则系统可靠性大大降低。相反,如果投票节点极少失效或出现故障等,则系统可靠性维持在较高水平。根据Condorcet Jury定理,参与投票节点的数量越多,系统做出正确决策的概率越接近1,从而系统的可靠性越好。

random dictator(RD):独裁准则是从系统节点中随机选择一个作为决策者,参与投票的数量始终为1个。RD投票机制具有较高的安全性,但是可靠性较低。如果系统中失效的节点较少和接近0,而且系统较小,此时RD的执行结果类似于MR的执行结果;随着参与投票数量的无限增多,从中选择一个决策者并做出正确决策的概率就接近常数p。

random troika(RT):同盟准则是通过从系统中随机选择三个投票节点参与投票,并且它们的权重相同,最终决策结果取决于多数。random troika减少了参与投票的数量,间接增大了参与投票节点的权重。

以上三种投票算法各有所长。为了比较三者对分布式数据存储系统可靠性的评估,本章将系统模型简化成单个簇的系统,簇中包含五个冗余节点。每个冗余节点独立分布在五台计算机上,它们的功能相同。单个冗余节点的可靠性均为p。同时假设:当节点失效时,节点的可靠性从p变为0。

第4章

云存储安全

4.1 云数据中心安全介绍

随着人工智能和大数据的飞速发展，越来越多的个人用户和企业用户选择将其数据存放到云数据中心。较大型的企业通常会搭建私有云存储数据，而不具备大量数据存储功能的小型企业和个人用户通常会选择公有云存储服务提供商。这样，虽然他们可以不用考虑安全问题，也不需要中小型企业自行维护，但可能出现隐私保护和服务依赖的问题。在大数据时代的今天，云数据中心成为不可或缺的一部分。云数据中心具有计算能力强、可靠性高和管理灵活的特点。通过分布式、网络技术、集群技术等设备联合工作，提供强大的计算能力，同时借助虚拟化技术，可以随时访问，管理灵活，硬件要求低。云数据中心依靠这些特点得到了企业和个人用户的青睐。一个典型的云数据中心架构如图4-1所示。

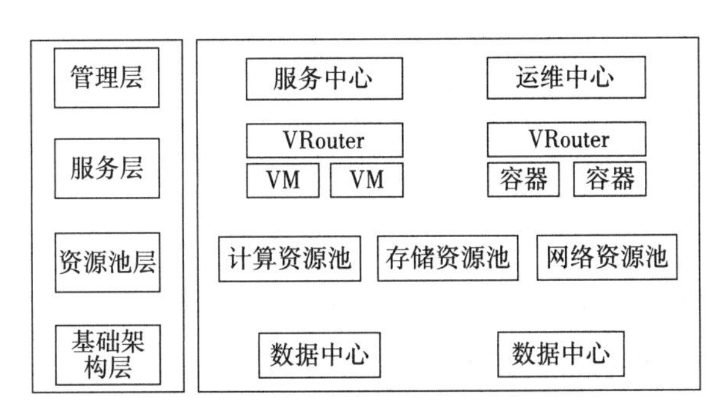

图4-1　云数据中心架构

云数据中心的广泛使用也带来了云数据中心的安全问题。本质上，云数据安全问题应该包括两个方面的含义：一个是安全，即数据存储后不丢失；另一个是隐私保护，即保证数据的隐私不被泄露。云存储安全的目标是保证数据安全可靠，通常用机密性、完整性和可用性三个维度来衡量。机密性是保证数据和隐私不被泄露；完整性是保证数据完整不被篡改和遗失;可用性是保证需要使用数据时可以快速地获取数据。

4.1.1 云数据中心威胁

云数据中心面临着很多威胁,包括但不限于以下几种。

1. 勒索软件攻击和供应链中断

攻击者可能会利用漏洞对云数据中心发起攻击,加密用户数据并索要赎金,严重威胁用户的数据安全。同时,供应链中断也可能导致云数据中心无法正常运行。

2. 数据泄露

如Heartbleed漏洞等著名安全事件,恶意入侵者利用漏洞窃取用户的账号和密码等会对云数据中心的安全构成威胁。

3. 配置错误和变更控制不足

近年来,越来越多的企业都因为疏忽或意外通过云公开泄露数据。在云数据中心中,云端资源的复杂性使得数据中心难以配置,同时,传统的控制和变更管理方法在云数据中心中难以奏效。

4. 身份、凭证、访问和密钥管理不善

云计算环境下,若存在凭证保护不力、缺乏密码密钥等问题,可能会导致业务系统访问不符合规范。对于一个企业来说,如果内部员工管理不善,可能会造成关键业务数据的泄露和被篡改。

5. 内部威胁

云数据中心的内部人员可能出于经济利益或其他目的,滥用权限或非法访问、篡改、删除数据。

6. 安全漏洞

软件或云服务本身可能存在漏洞,一旦被攻击者发现并利用,可能会导致数据泄露、服务中断或其他严重后果。例如,2017年的永恒之蓝(WannaCry)事件就是一个典型的例子。

7. 数据丢失

云服务提供商的数据可能因为网络攻击以外的原因丢失,如云服务商的内部人员误操作导致的数据删除,或者云服务器所在地遭到如洪水、地震等自然灾害。如果云服务商没有做好数据的容灾备份,用户的数据可能会永久丢失。

4.1.2 云数据中心安全手段

云数据安全性保证的主要手段是数据加密、访问控制、安全日志审计、数据备份等,具体介绍如下。

1. 数据加密

数据加密是一种对信息进行变换的技术,使其难以被未授权的人读取、使用或修改。数据加密技术的核心是密钥,即加密和解密信息所需要的密码。只有拥有正确的密钥,才能够解密被加密的信息。因此,密钥的保护是数据加密的重要部分。

数据加密可分为两类:静态存储数据加密和传输数据加密。静态存储数据加密是指对数据在磁盘或其他储存介质上的存储进行加密。密钥仅在信息被读取时才被解密。传输数据加密是指在信息通过公共或私有网络传输时进行加密,从而防止未授权的第三方读取信息内容。传输数据加密的常见方法包括SSL(安全套接字层)和TLS(传输层安全)协议等。

数据加密虽然对数据安全性和隐私保护至关重要,但无法解决所有安全问题。数据加密应该被视为数据安全措施的一个重要部分,而非唯一的措施。为了提高数据安全和隐私保护,组织应该在设计和实施信息系统时考虑数据加密和其他安全措施。这可以保护组织的核心知识产权和客户数据,维护品牌声誉。同时也可以提高组织的合规性,因为许多法规和法律都要求组织保护客户数据的隐私和安全。

2. 访问控制

访问控制对于维护安全性、遵守监管标准和加强问责制至关重要。通过限制对授权人员的访问,组织可以防止盗窃、损坏或未经授权使用资源,有效地管理员工访问,为合法目的创建审计跟踪,并通过自动验证节省时间和资源。访问控制是任何有效的安全和风险管理策略的重要组成部分。

数据访问通常有四种主要模型:自主访问控制(DAC)、强制访问模型(MAC)、基于角色的访问控制(RBAC)、基于属性的访问控制(ABAC)。要实现数据访问控制,就要指定访问控制策略、对敏感数据进行分类、监控对数据的访问和使用多重身份验证。

3. 安全日志审计

安全日志审计是增加云服务提供商和用户之间信任、提高云服务质量的重要手段。在对云数据的操作行为安全审计中,需确保日志的防篡改和安全访问。通过审计安全日志,有助于及时发现并追溯安全事件。

4. 数据备份

数据备份是创建和存储数据副本的过程,可用于防止数据丢失。从备份中恢复涉及将数据还原到原始位置或备用位置,以用于替代丢失或损坏的数据。正确的备份副本存储在与主数据不同的系统或介质(如磁带)中,以防止因主硬件或软件故障而导致数据丢失。为了在设备发生故障或受到其他威胁时有效地保护数据、降低数据受损程度,将原先备份的数据取回的措施称为数据恢复。数据备份能够保障数据在丢失或损坏的情况下最快时间地恢复,从而保证数据的可用性。

4.2 云数据安全删除

随着大数据时代的到来,作为基础设施的云数据中心变得越来越重要。由于云数据包含大量隐私信息,且云数据的所有权与管理权分离,过期数据不及时删除与删除结果无法验证,所以这将导致非授权访问和隐私泄露等问题,进而影响云数据的安全,阻碍云存储服务的发展。

云数据的生命周期可以包括以下阶段。

创建:这个阶段主要是数据的产生和导入云平台的阶段。在这个阶段,数据可能从外部系统或者云存储设备导入云平台中,或者直接在云平台上创建。

存储:一旦数据被创建,就会被存储在云平台上。这个阶段需要考虑到数据存储的安全性和可用性。数据存储在云平台上的可以是文件、数据库或者其他形式。

使用和访问:在这个阶段,数据会被用户或者应用访问和使用。这些用户或者应用可以是云平台的内部用户,也可以是外部用户。在使用和访问阶段,需要考虑数据的访问控制和安全性。

共享:当用户或应用需要共享数据时,数据会进入共享阶段。在这个阶段,需要考虑数据的访问控制和权限管理,以确保数据不会被不当访问或滥用。

归档和销毁:当数据不再需要时,它会被归档或销毁。在归档阶段,数据会被存储在一个备份位置,以备未来需要时恢复。在销毁阶段,数据将被彻底删除或匿名化,以防止数据泄露或被不当访问。

在云计算领域,由于信任缺失以及传统的本地数据删除方法无法满足云存储环境的需求,安全可靠的数据删除服务显得尤为重要。用户对可靠的数据删除服务有两个关键需求:首先,在数据生命周期结束或用户要求云服务提供商删除数据后,确保这些数据永久无法再被访问;其次,为保障数据的容灾能力,云服务提供商通常会保留用户的多个数据副本。当进行数据删除操作时，用户期望云服务提供商能够彻底删除所有的数据副本，以确保数据被完全清除。如果删除后的数据仍然可被访问，则会给企业和个人带来不必要的麻烦。如何确保数据被完全、安全地删除，绝对是云存储中的一个非常重要的应用问题。为解决这个问题，现有研究提出了不同的数据删除策略。例如，通过数据分类处理对数据进行归档和删除，采用加密技术以保证数据的安全删除。要实现这些方法可能需借助第三方验证机构加入云服务中，以确保数据的绝对安全性。除了数据分类处理和加密技术，还有其他方法可以保证数据的安全删除，如数据覆盖和数据磨损。数据覆盖是通过覆盖数据区域多次以保证数据的安全性和不可恢复性。数据磨损是通过模拟磁盘使用和磨损，使数据无法恢复。这些方法可以在很大程度上确保数据的彻底删除和保密性。

在现有的数据删除方式中，主要包括删除文件关联链接、数据擦除和基于密钥的删除方法。首先是删除文件关联链接，这种方法主要是删除物理地址与逻辑地址之间的映射关系，而不涉及实际的数据内容。简单来说，它只是取消了文件的引用，而未对实际数据进行擦除。这可能导致数据仍然存在在存储介质上，尽管对用户不再可见。此时可以通过一些技术手段重建文件链接关系进行数据恢复。因此，删除文件关联链接不能确保文件数据的安全删除，尤其是在不信任云服务的情况下。

数据擦除是一种通过覆盖操作来删除数据的方式。在这种方式下，使用特定的技术手段对数据进行覆盖和擦除，使原始数据无法被恢复。例如，使用专业的数据清除工具对数据进行多次写入、覆盖和擦除操作，以确保被删除的数据无法被重新找回，从而实现可靠的数据删除。在具体实现上，可以采取类似于对硬盘扇区进行多次写入、覆盖等操作来破坏原有的数据，或是利用加密算法对数据进行加密、解密操作来实现数据的不可恢复删除。另外，也可以使用特定的数据清除语言和工具来执行相应的操作，以确保数据擦除的可靠性和有效性。国际ACI数据复审写标准和模式如表4-1所示。

表4-1 国际ACI数据复写标准和模式

复写标准	复写次数	复写模式
布鲁斯算法	7	全1、全0、伪随机序列的5倍
美国空军系统安全指令5020	4	全0、全1、任何字符
英国HMG信息安全标准	3	全0、全1、随机
NAVSO P-5239-26	3	一个字符、它的补体、随机
Peter Gutmann算法	1-35	所有不同方式

基于密钥的删除方法，是指用户先将本地的敏感数据文件进行加密，再把加密后的数据上传至云服务器，然后将密钥按照一定的结构组成密钥数据文件，使用主密钥加密，将加密后的密钥数据文件上传至云服务器中保存，而主密钥只保存在本地安全的存储介质中。当需要进行文件删除时，将文件和加密密钥一起删除，这样即使云服务器保留了加密数据的密文，云服务器上的密文数据也是无法进行解密的，从而实现了用户存储在云端数据的安全删除。数据删除方案的考核标准如表4-2所示。

表4-2 数据删除方案的考核标准

数据删除率	相同数据中被去重的数据占总相同数据的比例
I/O吞吐率	单位时间内经过I/O交互可以成功交付数据的速率
响应时间	进程或者程序从提交文件访问请求到云服务器响应的时间
硬件加速	设计基于不同硬件模型的算法来提高数据去重的速度

4.2.1 基于数据擦除的安全删除方法

数据擦除基本是使用覆盖操作完成的。1996年，P. Gutmann等人建议通过随机数据覆盖存储介质，从而达到删除数据的目的。2010年，M. Paul等人提出了一种新的数据删除协议，称为可擦除性证明(proof of erasability，PoE)。在该协议中，他们用随机模式覆盖磁盘来删除数据，主机程序在删除后将相同的数据模式返回给数据所有者作为证据。D. Perito等人提出了另一种称为安全擦除证明(PoSE-s)的解决方案。在该解决方案中，主机程序向嵌入式设备发送一串随机模式。D. Perito等人假设嵌入式设备的存储是有限的，只能容纳接收到的随机模式。因此，原始数据将被覆盖。这个解决方案与M. Paul等人的方案本质上是一样的，只是增加了内存有限的假设。Luo等人提出了基于置换的保证删除方案。在该方案中，云服务提供商为数据所有者提供弹性的存储服务。由于云服务器是经济合理的，所以Luo等人假设服务器只维护用户数据的最新版本。此外，当数据所有者执行更新时，所有备份将是一致的。基于这个假设，他们将覆盖性能伪装成删除数据的更新操作。之后，将通过质询-响应协议对结果进行验证。数据所有者可以通过询问-响应时间来判断服务器是否诚实。

4.2.2 基于密钥的安全删除方法

基于密码学的方法是对外包数据加密后再存储到云端，从而将这种情况下的数据删除问题转化为相关密钥的安全擦除。2005年，R. Perlman等人首先提出了一种有保证的删除方案。在系统中，当用户创建一个文件时，用户会同时设置一个过期时间。到达指定时间后，受信任的密钥管理器会删除与该数据相关的临时密钥，从而使数据无法恢复。然而,这种方法要求预先确定密钥的过期时间,且数据删除完全依赖于可信的密钥管理器,这可能会导致单点故障。2009年,R. Geambasu等人提出了Vanish系统,该系统对基于时间的安全删除至关重要,采用了基于秘密共享的分布式密钥管理的方案。在此方案中,密钥的分片被分配到一个点对点的存储网络。一段时间后,分片会从P2P网络中消失,用户无法获得足够的解密密钥,导致消息无法访问。但在Vanish系统中,删除操作受到节点更新周期的限制,Vanish系统无法抵抗跳变攻击和嗅探攻击。2012年,Tang等人提出了基于策略的删除方法FADE。在该方法中,每个文件都可以链接到一组原子策略。该方法定义了多种加密密钥操作来实现安全目标,包括文件上传和下载、策略撤销和更新。通过策略撤销,密钥管理器删除了用于数据密钥加密的控制密钥。因此,数据密钥无法恢复,与策略对应的文件也被确保删除。这个方法的缺点是,密钥管理器需要对每个消息执行复杂的解密操作,因此不适合大型动态用户场景。Perito和TSudik为内存有限的嵌入式设备设计了一种可靠的删除方案。当用户想要删除嵌入式设备中的内容时,用户只需要修改安全代码,通过安全代码,所有数据都被安全删除,并下载新的代码。但是该方案不能实现细粒度的、灵活的删除。2018年,Yang等人将Merkle树、数字签名和区块链技术结合起来,提供了删除证据,存储在云服务器区块链节点上,没有任何可信方,为可公开验证的数据删除提供了一种新思路,但是里面的验证却并没有做到真正的可验证,只有数据拥有者发现自己的数据被泄露后,通过云服务器对删除操作的签名向云服务器索要赔偿。同年,Zhang等人定义了RAO (relevance-aware object),并在此基础上提出了一个多拷贝关联删除方案。Xue等人提出了一种支持细粒度访问控制的安全删除方案,但由于计算成本较高,需要可信第三方生成重加密密钥。此外,一些学者采用基于树形结构存储的方法来实现安全删除。Mo等人(2021)提出了一种使用调制树和哈希调制运算符调整算法的文件删除方案。在该方案中,用于文件加密的所有数据密钥都来自同一主密钥。当需要删除特定数据密钥k时,通过替换主密钥的方法使k无法恢复。通过运行调制树调整算法,其他数据密钥将保持不变,并且可以从新的主密钥获得。J. Readon等人提出了一种使用B树来实现有保证的数据删除和访问控制的方案,并将其与树一起保存在持久性存储中,该方案利用图变异来实现有保证的数据删除的目标。但是该方案需要为数据创建树状结构。

4.3 云数据安全去重

随着数据的爆炸式增长,云存储已成为大数据计算和分析的关键基础设施。根据国际数据公司(IDC)的预测,到2025年,全球数据层将从2018年的33 ZB (Zettabytes)增长到175 ZB。微软公司和EMC公司的云存储研究表明,云存储服务中分别有50%和85%的数据是重复的。相关研究也表明,备份、归档、虚拟机映像等存在80%~90%的重复数据。数据去重技术作为一种快速消除数据副本的高效缩减技术,通过识别和删除重复数据来减少存储空间的占用,可以应用于各种数据类型,如文本、图像、音频和视频等。在大型数据中心和云存储环境中,数据去重可以显著降低存储成本和减少数据传输带宽。在移动设备和物联网应用中,数据去重可以减少存储和传输数据的成本,提高设备的性能和能效。数据去重一般包括以下关键步骤:①数据分块;②指纹计算;③指纹索引;④数据去重;⑤数据存储、⑥数据恢复。这些步骤可以根据具体的应用场景进行调整和优化。

4.3.1 云数据安全去重挑战

出于安全考虑,我们通常要加入一些额外的因素,例如,在云环境下会进行数据加密,对数据进行加密会阻碍数据安全去重的实施。云环境下的安全去重通常也要进行审计,以确保数据不会被错误删除。总体而言,面对云环境下的数据安全去重,我们面临以下三大挑战。

(1) 数据外包与机密性保护:在云环境中,用户将数据托管在云服务提供商的平台上,导致数据的所有权与管理权分离。为了确保敏感信息的安全,数据必须经过加密处理,然而,由于随机性加密算法对相同明文采用不同的密钥加密会生成不同的密文,因此,中心云无法轻松验证这些密文是否对应相同的明文。这为云数据安全去重带来了巨大挑战。

(2) 虚拟化与隐私泄露:云计算中心使用虚拟化技术,通过逻辑隔离实现多用户之间的性能隔离,以实现多租户计算资源和存储资源的按需分配。然而,这也会增加用户和数据的部分隐私泄露风险。因此,如何同时保护用户隐私和进行数据去重成了云环境下亟待解决的问题。

(3) 侧信道攻击:在执行跨用户的安全去重任务时,由于文件的大小、类型、散列值等信息可能被泄露,所以存在侧信道攻击的风险。这种攻击可能对数据的安全性造成威胁。

4.3.2 云数据安全去重方法分类

数据去重根据去重的时机不同可分为在线去重和离线去重。在线去重是在数据写入时进行去重,即数据写入之前先进行指纹计算和比较,如果发现数据重复,则只保存一个指针。在线去重可以减少存储和传输数据的开销,但需要更多的计算和存储开销，可能会对数据写入性能产生一定影响。离线去重是在数据写入之后，通过定期扫描和比较指纹来进行去重。离线去重可以降低对数据写入性能的影响，但需要更多的存储和计算资源，可能会对数据读取性能产生一定影响。在线去重和离线去重各有优缺点，在线去重适用于需要实时去重的场景，如云存储和数据中心等。离线去重适用于数据写入量较大，但对实时性要求不高的场景，如备份和归档等。

根据去重粒度的不同，数据去重可以分为文件级去重和块级去重。文件级去重是指对整个文件进行去重，如果两个文件的内容完全一致，则可以将其中一个文件删除，只保留一个副本。块级去重通过将整个文件分割成若干个大小相等的块，对分割的块进行去重，如果两个文件中的某些块完全一致，则可以将其中一个块删除，只保留一个副本。相比文件级去重，块级去重可以更细粒度地去重，从而实现更高效的存储空间的利用。同时，块级去重技术可以支持增量备份和增量恢复，从而显著缩短了备份和恢复所需的时间。

根据主导去重任务的对象，可以分为源端安全去重、目标端安全去重和跨用户的安全去重。一个典型的云数据安全去重系统模型如图4-2所示。

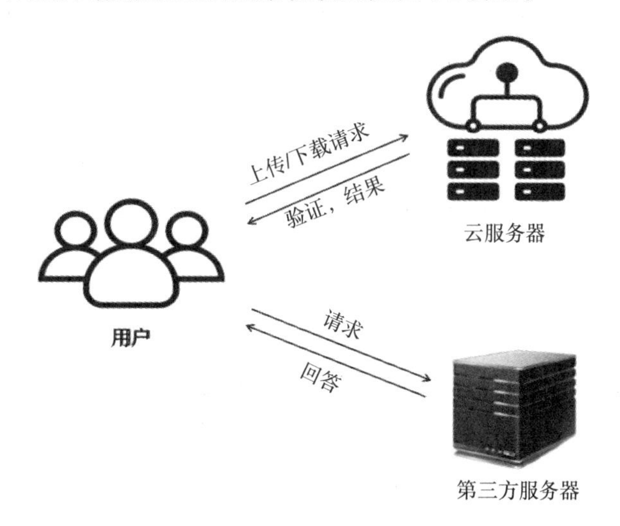

图4-2 云数据安全去重系统模型

4.3.3 云数据安全去重方案

1. 基于收敛加密实现云数据安全去重

在云存储多用户场景下，每个用户采用自己的私钥对文件进行加密，这就导致相同的文件会被加密成不同的密文，因此无法对密文进行数据去重。为了让数据加密和去重兼容，通常使用收敛加密(convergent encryption，CE)算法。收敛加密(CE)直接使用明文的指纹作为密钥，因此，相同的明文在加密后依旧是相同的，能实现加密与去重的兼容。

基于哈希的收敛加密(hash convergent encryption ,HCE)算法是在CE的基础上,通过对文件内容进行二次哈希而得到的加密密钥。相较于普通的收敛加密算法,HCE算法具有更快的计算速度。Bellare等人对以上收敛加密算法进行了总结,并将其形式化为基于内容加密的消息锁加密(message-locked encryption,MLE)算法。在MLE算法中,他们提出了数据密钥由明文内容和系统参数共同计算的方式。MLE机制实现了加密与重删的结合方式,其基于内容的加密也被称为确定性加密。Puzio等人提出的Cloudedup方案采用单密钥服务器模式,采用客户端和密钥服务器的双重加密机制来抵抗蛮力攻击。具体来说,客户端首先用收敛加密对每个明文块进行加密并发送给密钥服务器,密钥服务器用其私有密钥进行二次加密。当密文块从云端恢复时,密钥服务器先将其解密再发送回客户端。基于收敛加密的数据去重交互步骤为:首先,用户请求上传文件,系统根据文件来计算密钥k,用户将所生成的密钥k上传给云服务器,服务器验证是否存在该密钥k,如果不存在,那么允许用户上传文件,同时用户需要对文件进行加密,再将加密后的文件和密钥k上传给云服务器存储,如果已经存储,则不需要用户上传文件。当用户端需要访问或下载文件时,只需上传文件的密钥k,服务器根据密钥k将对应的密文传给用户端进行解密操作即可实现对密文的去重。

基于收敛加密的算法可以快速实现云数据中心的数据去重操作,再结合一些不同的机制,可以最大化发挥其作用。收敛加密算法可以结合密钥共享机制,通过将扩散算法中的随机信息替换为数据的散列指纹的机制来确定其算法,从而实现数据的安全去重。

2. 基于隐私保护实现云安全去重

为了防止侧信道攻击对用户隐私的威胁,目前存在两种主要类型的安全去重方法,以保护数据内容隐私。

基于随机化方法的隐私保护安全去重:这种方法可以增加数据去重过程的不可预测性,从而减小隐私泄露的概率。在此方法中,系统会设定一个特定的文件数量阈值,只有当某一文件的数据量达到这个阈值时才执行数据去重操作。在这个基础上,服务器会将上传文件的实际数量减去一个随机生成的数值,然后再进行阈值和数量的判断。这使得数据去重过程具有一定的随机性,从而降低潜在的隐私泄露风险。值得注意的是,通过调整阈值可以减小隐私泄露概率,但可能会增加不必要文件的上传,从而增加带宽开销。

基于差分隐私的隐私保护安全去重:这种方法强调使用数学技术,确保数据去重不会泄露敏感信息。这种方法通过在数据处理过程中引入噪声或扰动,以混淆数据的真实价值,从而保护用户的隐私信息。这种方法着重于数学保障,尤其适用于隐私高度敏感的数据。

选择哪种方法取决于具体需求和对数据隐私的关切程度。基于随机化方法的隐私保护安全去重提供了一种平衡隐私保护和带宽利用之间的方式,而基于差分隐私的隐私保护安全去重则更加强调数学上的隐私保护。

Chai等人提出了一种服务端随机响应的防御方案RARE。具体来说,云服务器不再对每个块单独进行响应,而是以两个块组成的块序列(chunk pair)为一个数据对象进行响应。当两个块都是非重复块时,则要求客户端全部上传。当两个块中有一个或两个都是重复块时,要么上传全部块,要么上传两个块的异或值。通过该响应策略,云服务端可以完整恢复需要存储的非重复块,并且混淆块的实际去重状态。Ha等人认为这种假设存在一定漏洞,攻击者可以使用未存储的伪造块和存储的已知块来学习文件的存在性信息。针对这种威胁,通过在异或操作之后上传客户端所有已经执行异或操作的块,以防止攻击者进一步了解块的存在状态。

基于差分隐私的隐私保护安全去重的核心思想在于,确保在数据特征不发生根本性变化的前提下,通过引入适度的虚拟数据或噪声数据来实现数据失真,以有效保护数据的隐私。此外,该技术还具备根据数据集的敏感度以及用户隐私需求的不同程度进行灵活的隐私保护调整的能力。这种方法强调了在保护隐私和保持数据的实用性之间找到平衡。通过添加适量的噪声数据,确保了个别记录的隐私,并降低了隐私泄露的风险,同时仍然保留了数据集的整体特征。这使得差分隐私成为处理隐私敏感数据的重要工具,特别是当数据安全性至关重要的情况下。Zuo等人提出了一种为每个上传文件添加随机重复块的方案RRCS,用于混淆攻击者视图的文件实际重删状态。Shin等人提出了一种基于差分隐私的网关重删方案,其核心思想是添加虚拟的噪声数据,以混淆文件的重删状态。基于差分隐私的网关重删方案通过改变重删位置,增设网关实现文件上传到云,避免恶意客户端之间与云进行通信,从而发起侧信道攻击。然而,此类基于差分隐私的网关重删方案需要建立在特定的网络架构基础上,并且在实际的云存储商业产品中部署一个额外的第三方可信网关通常是不可行的。

3. 基于模糊匹配的加密数据去重方案

该方案将改进的模糊哈希算法应用到客户端去重技术中,加入内存映射文件技术,实现快速读取任意大小的文件内容,将固定长度的文件模糊哈希结果扩展为可变长度,实现用户自划分文件粒度,将全部哈希值拼接进行检测,使得相似文件之间的重复数据能够被匹配出来,从而达到提高去重率的目的。然后利用改进的收敛加密算法加密用户数据,达到加密和防止离线字典攻击的目的。使用可信第三方来生成系统公钥和私钥,为所有用户分发公钥以及为上传属性集合的用户分发相应的私钥。

4.3.4 一种可审计的云安全去重方案

一种带有审计的云安全去重方案系统结构如图4-3所示。在网络环境下,用户为了减小本地的存储压力,会在网络上进行数据上载,并将其保存在云服务平台上。为减小网络传输的带宽,减小云服务器的存储容量,文件只需上载不重复的一份即可。在具有存取控制功能的文件卸载系统中,用户必须设定文件的存取权限,不具备文件存取权限的用户,不得下载该文件。云存储服务平台负责将用户上传的数据及相应的标记进行整理,并将其存放于服务器端。云存储平台通过对同一数据文件的安全删除,减少了对同一数据文件的存储开销。元数据服务器保存了用户的身份和权限的资料,可以验证用户的身份和权限,以及可以通过密钥来进行管理。

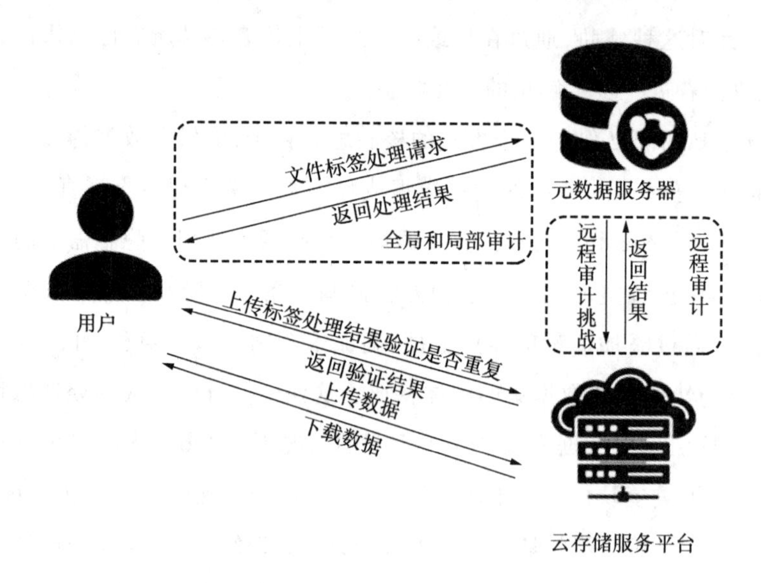

图4-3 带有审计的云安全去重方案系统结构

为了解决云计算中的数据安全去重问题,该方案提出一种基于多个授权级别的去重方法,同时改变传统的加密密钥由文件内容获取的生成方式,采用Merkle树来生成,保证生成的密文变得不可预测,防止暴力攻击。在数据去重过程中,结合全局审计机制、局部审计机制和远程审计机制来实现文件完整性审计,以保障数据的安全。以下是其工作原理。

(1) 用户身份识别:每个用户在成功注册和登录后都会获得一个通用唯一的标识符(UUID),由元数据服务器生成并发送给用户以供存储。元数据服务器还使用用户的权限密钥构建一个Merkle树,用于获得文件加密的密钥。

(2) 上传文件:当用户请求上传文件时,元数据服务器从密钥管理服务器中获取该用户的密钥,以减少密钥计算的开销。

(3) Merkle树构建:Merkle树通过将用户的权限密钥的哈希值作为叶子节点来构建。然后,Merkle树串接并哈希每对叶子节点以创建父节点,再从底部向顶部继续这个过程。当某一层上有奇数个节点时,最后一个节点将直接哈希以生成其父节点。唯一的根节点被用作文件的加密密钥。

(4) 认证和去重:为了确保数据的安全去重,云存储服务器在与用户进行数据交互之前应先对用户进行身份验证。如果认证失败,服务器将拒绝用户的数据交互。如果认证成功,元数据服务器将根据文件和用户的权限级别计算出去重标签,然后将这些标签发送给用户。用户将这些标签上传到云存储服务器以进行文件的重复检测,然后等待服务器返回检测结果。

(5) 所有权验证:如果检测结果显示文件是重复的,则云存储服务器将与用户进行所有权验证。所有权验证用于确定该文件是否属于该用户。如果用户通过了所有权验证,则云存储服务器将授权用户拥有该文件,而无需再次上传文件。元数据服务器还将计算去重标签集的权限差集,并将其发送给云存储服务器,以供其他用户进行去重检测。

(6) 块级去重:如果检测结果显示文件不是重复的,那么可以执行更细粒度的块级去重。在基于块级的去重中,Merkle树的叶子节点表示数据块的哈希值。Merkle树的根节点用于验证数据块的完整性。块级去重的具体过程如下。

• 用户将文件分割成数据块并将每块的哈希值发送给元数据服务器。

• 元数据服务器计算块标签集并发送给用户,用户将其上传至云存储服务器以进行重复检测,然后等待服务器返回结果。

• 如果数据块有重复,用户只需上传非重复的数据块至云存储服务器。服务器将返回指向数据块的指针。

• 元数据服务器计算基于访问权限的权限标签集,并将其发送给云存储服务器。同时,元数据服务器通过构建Merkle树来获取数据块的加密密钥。具体的构建过程是先将数据块的哈希值作为Merkle树的叶子节点,再对每两个相邻的叶子节点进行串接,计算它们的哈希值,将得到的哈希值作为它们的父节点。然后,父节点再与其兄弟节点进行串接,并通过哈希运算得到新的父节点。这个过程从叶子节点逐层向上进行,直至得到根节点。最终,根节点被用作数据块的验证密钥,用于验证数据块的完整性。

4.4 云边协同安全

传统的中心云计算具有出色的资源服务能力和强大的计算能力,但在远距离传输和网络时延方面存在一些不足。与之不同,新兴的边缘计算虽然具有低传输时延的优势,但通常计算能力较弱,资源也受到一定的限制。因此,很多研究者的关注点放在了将中心云和边缘云融合的云边协同计算上。随着物联网、自动驾驶、VR游戏、智能视频监控、工业互联网、5G等新兴应用场景的发展,云边协同获得了前所未有的关注。目前已经有一些边缘计算产品,但边缘计算和云计算结合的发展仍处于探索阶段。同时,自边缘计算诞生以来,边缘计算的安全性一直是制约其实现和发展的关键问题。边缘计算的新特性、大量新技术的融合、边缘计算带来的新应用场景,以及人们对隐私保护日益提高的要求,给云边协同安全带来了极大的挑战。

云边协同安全是一个整体的概念,不能单独地将边缘节点和中心云节点分离开来。孤立的边缘计算模型无法提供真正有效和安全的服务。边缘节点相对有限的处理能力、高度复杂的边缘网络环境以及边缘环境中终端设备极高的移动性限制了边缘计算,无法凭借自身能力提供完整的安全服务。从当前的研究现状中可以发现,结合云计算和边缘计算进行边缘云协同,综合利用网络各层的能力提供更高效、可靠、灵活的安全服务,将成为发展趋势。边缘云协同模式的实现不仅依赖于边缘节点对终端感知数据和用户上传数据的实时处理,还需要云计算中心对边缘节点上传的预处理数据集进行更细致的分析和决策。这一过程涉及大量敏感数据的传输,给边缘智能在设备、网络、数据、应用等各个方面的安全带来了极大的挑战。

在云边协同中,边缘计算主要负责实时处理数据,并向云数据中心提供所需的数据或者参数;而云数据中心则专注于处理非实时、长周期的数据。接下来对五种协同技术的研究现状进行介绍。

4.4.1 云边协同研究现状

目前云边协同研究的主要方向是通过分布式和协同处理的方法将资源、数据、人工智能、应用管理、服务进行协同处理,通过这五个维度的协同处理,实现云边一体化的功能。

资源协同:边缘节点提供边缘端的基础设施,如计算、存储、网络。边缘节点能够管理本地资源,并处理来自云端的资源任务。云数据中心负责提供资源分配和管理策略,包括边缘节点设备管理、资源管理和网络连接管理等。计算卸载是边缘计算的关键技术,它可以帮助移动设备卸载计算密集的任务,提高计算速度并降低能源消耗。在边缘计算中,计算卸载将移动设备的计算任务移到边缘云环境中,以弥补边缘设备在存储、计算性能和能效等方面的不足。然而,计算卸载需要综合考虑多个因素,包括计算和存储资源、能源消耗以及延迟等。在处理这些任务时,需要合理评估如何最小化延迟和减少能耗,以提高处理效率和性能,减少资源浪费。资源管理策略涵盖了边缘设备和云端资源的本地管理。特别是在数据密集型计算领域,边缘计算和云计算之间的资源管理策略非常重要。

数据协同:在云边协同中,通常由网络边缘设备收集数据,并对数据进行加工和处理,将预处理好的数据发送给中心云服务器,由中心云进行存储和处理。这样既能快速响应边缘终端设备的请求,又能为整个集群中的数据提供更强的计算能力和更好的存储。同时在传输过程中采用的加密和校验手段能保证数据的保密性和完整性,保证数据安全性。

智能协同:在边缘计算中,设备处理深度学习模型的实时应用和操作,以实现去中心化智能。而云则专注于集中训练深度学习模型,然后将这些训练好的模型发送到边缘设备。在过去,人工智能模型主要是在云中训练、优化和运行,因为模型训练和优化需要大量资源,而这些资源通常只有大型数据中心才能提供。然而,与训练和优化相比,实时模型应用需要的资源要少得多,并且它们需要及时的数据处理。因此,将实时模型应用转移到边缘计算已经成为一个突出的研究领域。鉴于边缘设备的计算和存储资源有限,在边缘计算中,减少模型大小和增强性能以提高云边缘的协作处理能力至关重要。在人工智能领域,基于云的模型训练长期以来一直是一种广泛采用的方法。训练深度神经网络模型涉及大量的训练数据、大量的时间和大量的计算资源,所有这些都可以在云中轻松获得,从而确保对这一过程的高质量支持。

应用管理协同:边缘节点提供应用部署和运行环境,负责处理中心云所分发的任务,同时对本节点上多个应用的生命周期进行管理调度。云数据中心则负责提供应用开发和测试的功能,从而实现整个集群上应用的生命周期管理。应用管理协同根据不同应用类型和其在边缘位置的特性,选择合适的边缘计算硬件部署和计算环境。越来越多的应用程序供应商开始借助微服务技术和容器来在边缘服务器部署应用程序。微服务具有细粒度和松散耦合的特点,同时可以很好地解决服务异构的问题,能较为容易地实现基于服务的限流、熔断、降低,可以提供更好的扩展性和灵活性。

服务协同:服务协同主要涉及边缘计算和云数据中心之间的协同处理。在云计算环境中,服务部署策略是一个十分热门的研究领域,但它也带来了挑战。中央云服务远离用户，导致服务请求延迟和用户体验受损。在当今的网络应用场景中，特别是随着游戏、视频流和VR等延迟敏感型服务的出现，利用边缘服务的低延迟特性对于减少延迟和提高用户满意度变得至关重要。对于各种应用服务，边缘节点和云数据中心之间的协同作用是一种有效的新计算模式，可以提升边缘用户体验，减少网络响应时间，从而提升服务质量。在现在的云计算场景中，云边协同可以更好地解决计算、存储和数据等多方面的问题，赋能大模型、边缘计算、物联网等新兴产业。

4.4.2 云边协同场景

本小节列出一些典型的云边协同场景如下：

CDN(content delivery network，内容分发网络)：CDN中云边协同技术的应用场景主要适合涉及本地内容且请求频繁的场景，如超市、小区、写字楼、校园等。当涉及最近的热门视频和内容时，这些可能会吸引重复的本地请求。一旦通过在源处检索远程内容而在本地建立了CDN节点，本地区域中频繁请求的热点内容就可以从本地节点得到服务。这种方法提高了命中率，减少了响应延迟，并提高了服务质量(QoS)指标。此外，云边缘协作技术还可以在4K、8K、AR/VR、3D全息等场景中找到应用。它可以通过最大限度地减少晕动病、减少延迟以及以本地化的方式快速设置场景和环境来显著增强用户体验。

工业互联网：在工业物联网领域，云边协同技术的应用场景比较广泛。其中，一个主要的应用场景是在工业制造领域。在工业现场中，需要对设备进行实时监测和预警，以及进行更精细化的能耗管理。同时，边缘计算节点必须具备一定的计算能力，能够自主判断并分析问题，及时检测异常情况，并更好地实现预测性监控。在这个场景下，云边协同技术可以用于实现工厂设备的智能化、自主化运行，以及进行远程监控和预警。此外，在工业物联网中，云边协同技术也可以用于数据安全方面。由于物联网设备数量庞大、分布广泛，数据安全问题比较突出。通过在边缘计算节点上加入安全策略，可以有效地保护工业物联网设备和数据的安全。

安防监控：在安防监控领域，云边结合的存储方式可以将监控数据分流到边缘计算节点，实现快速处理和实时响应。此外，可以利用人工智能技术，将视频分析模块搭载在边缘计算节点上，为智能安防、视频监控、人脸识别等领域提供更加高效的服务。

智慧交通：智慧交通领域是云边协同技术的典型应用场景之一。在智慧交通领域，通过云计算和边缘计算的技术组合，可以实现人、车、路之间的智能互联和信息共享，降低交通安全风险，提高通行效率。例如，在自动驾驶汽车的应用中，车辆可以在行驶过程中实时接收并处理来自道路状况、交通信号、行人、其他车辆等各种环境的信息。由于这些信息需要在极短的时间内进行处理和分析，边缘计算成为非常关键的技术。边缘计算可以在车辆上实时处理这些信息，为车辆的自动驾驶系统提供快速、准确的决策支持。同时，在智慧交通领域，云边协同技术也可以应用于智能交通管理。例如，通过对道路交通数据的实时监测和分析，可以实现对交通拥堵的预测和预警，从而提前采取相应的交通管理措施，提高道路运行效率和服务水平。总的来说，智慧交通领域的云边协同技术的应用能够提升交通系统的智能化水平，提高道路通行效率和服务质量，减少交通事故发生率，为人们的出行带来更好的体验。

4.4.3　云边协同安全挑战

云边协同安全面临五大挑战。

1. 易受攻击的边缘终端

多样化的设备生态系统：在边缘计算场景中，边缘设备的生态系统在类型、数量、分布和内在安全能力方面有很大差异。这种多样性使得实施统一、集中的安全措施具有挑战性。

攻击风险：由于边缘设备的分散和分布式特性，它们更容易受到一系列攻击，包括盗窃、伪造和未经授权的访问。恶意行为者可以利用这些设备之间的差异，潜在地导致数据泄露和其他安全事件。

数据泄露问题：安全性差或受到威胁的边缘终端的存在增加了数据泄露的风险。这是一个非常重要的问题，尤其是在处理敏感或机密信息时。边缘终端的安全事故会产生深远的后果。

2. 不安全的WAN通信

面临的威胁：云和边缘节点之间的通信通常通过广域网（WAN）进行。这种暴露使得数据容易被恶意实体窃听、篡改和嗅探。

数据完整性和保密性：通过WAN传输的数据的完整性和保密性很难保证。必须采取安全措施来保护传输过程中的数据，以防止数据被破坏或容易受到重放攻击。

3. 边缘数据漏洞

资源限制：边缘节点通常具有有限的计算和存储资源。这种限制使可靠的安全措施的实现变得复杂，并使大规模部署和异构硬件的存在成为一种挑战。

安全集成：为了确保边缘计算平台的安全性，需要将中央云系统的高级安全功能与边缘的轻量级安全功能相结合。威胁情报和安全态势感知等支持协作安全工作的实践进一步增强了集成。

4.云原生技术的安全风险

资源效率与安全性:云原生技术优先考虑资源效率和灵活性。但是,在某些情况下,它们可能会损害安全性。例如,云原生技术的官方映像存储库经常包含漏洞,容器隔离有时很弱。

运营安全挑战:在生产和运营环境中,云原生技术可能会带来新的安全风险。这些技术中的漏洞如果被利用,可能会导致具有深远影响的安全事故。

5.边缘组件的有限安全功能

安全基础设施不足:位于网络外围的边缘节点缺乏数据中心通常具备的强大安全基础设施。安全设施中的这一差距使得攻击者更容易瞄准和危害边缘设备,从而可能导致数据盗窃、数据修改或数据删除。

严重的安全威胁:边缘组件缺乏安全措施会带来严重的安全威胁,尤其是在处理敏感数据或数据的完整性和机密性至关重要的情况下。缓解这些安全挑战对于云边缘协作的成功至关重要。

4.4.4 云边协同安全应对

面对云边协同安全中出现的问题,一方面,需要更为强大的安全防御解决机制,另一方面,结合安全机制以更统一的方式保护整个安全防御系统值得探索。增加数据备份和加密机制,保证用户数据不被损失和泄露。如在应用层实现行为控制和数据加密。通过行为分析等技术,实时监测数据的处理和传输过程,对异常行为进行预警和阻止。同时,对重要数据进行加密处理,即使数据被窃取,也无法被非法使用者轻易解密和利用。

增加边缘端系统和组件安全能力,为了增强边缘系统的安全性,采用高级安全工具至关重要,包括基于网络的防火墙、入侵防御系统、恶意软件防护、数据丢失防护和基于云的威胁情报。此外,可以部署应用层防火墙来更深入地检查网络流量,从而允许技术部门仔细检查来自应用程序和服务的数据。这种防火墙可以根据正在使用的特定应用程序阻止或允许流量,从而使旁路攻击更加困难。这些措施共同增强了边缘系统的安全能力,提供了针对各种威胁的全面保护,并增强了整体安全性。

不断探索最新的云原生技术,提升官方镜像安全。定期检查并更新使用的容器镜像,以确保应用程序使用的是最新版本,其中包含了已知漏洞的修复。实施自动化工具和流程,以确保镜像的定期自动更新,以降低漏洞被滥用的风险。使用容器安全扫描工具,如Clair、Trivy等,对容器镜像进行定期扫描,以识别潜在的漏洞和安全问题。

建立完善的密钥和访问权限管理机制,建立完善安全的通信通道,设置前置DDos网络安全防护,防止恶意攻击,为每个边缘节点颁布唯一接入证书,终端设备使用证书进行身份验证,完善云边协同安全的每一个方面,从整体来提升云边协同安全。

第5章

溯源存储安全

5.1 溯源的概念及应用

5.1.1 溯源的概念

溯源(provenance)描述了数据的起源。本质上,溯源可以被看成是对一个生产过程的描述,包含关于实体、数据、流程、活动和参与生产流程人员的元数据。通过收集和分析相关信息,追溯某个事件或物品的来源和历史轨迹,以了解其真实情况和可能存在的风险。

溯源信息以不同的形式存在,根据不同的应用程序需求和使用场景,可以将流行的溯源类型分为以下四种:数据溯源(data provenance)、工作流溯源(workflow provenance)、信息系统溯源(information system provenance)和溯源元数据(provenance meta-data)。粗略地说,这四种类型形成一个类型层次结构,如图5-1所示,其中溯源元数据是最宽泛、最一般的类型,而数据溯源有最具体的域。本质上,当从一个层次到更具体的溯源类型层次时,会应用溯源类型的额外限制,从而能够利用更窄的范围来收集溯源信息。

下面我们从最一般的类型开始进行介绍。

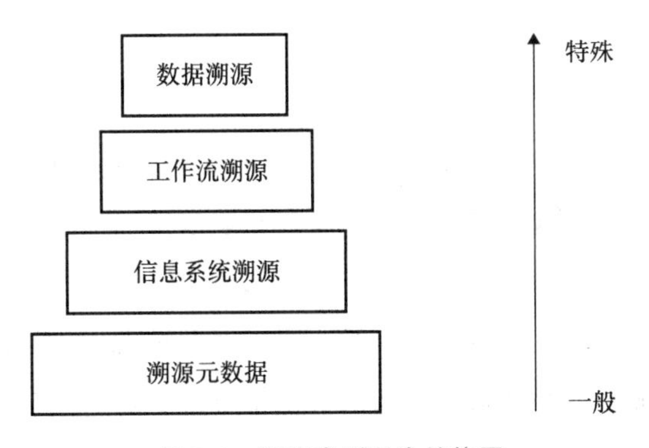

图5-1 溯源类型层次结构图

1. 溯源元数据

溯源元数据可以是描述数据来源、获取过程、获取环境或上下文等任何类型的数据。这种一般的溯源类型可以为用户提供最广泛的自由度,可以对任何类型的最终产品或生产过程的来源进行建模、存储或访问。由于这种类型的溯源非常普遍,因此可以广泛应用于科学研究、数据管理和数据治理等领域。例如,假设有一个科学研究项目,涉及多个数据集和分析过程。溯源元数据描述每个数据集和分析过程的来源、采集时间、分析方法和参数等信息,这些信息可以帮助其他研究人员验证和重现结果。

2. 信息系统溯源

当进一步向上移动溯源层次结构时,收集溯源的过程就会变得更加具体。信息系统溯源是将生产过程的类型限制在信息系统中并产生数据的过程。信息系统溯源主要是对信息系统中信息流转过程的元数据进行追踪,可以根据过程的输入、输出和过程的参数进行计算。总之,信息系统溯源涵盖了各种由信息系统支持的生产过程的溯源信息,符合某些标准表示溯源的要求。考虑一个企业内部包括多个组件和子系统的数据管理系统,例如数据仓库、数据挖掘工具和报表生成器等,信息系统溯源用于记录每个组件和子系统的使用情况,以及它们之间的依赖关系。

3. 工作流溯源

在许多工作场景中,溯源的需求源于对文档、可重复性、可问责制或参数评估等方面的考虑,因此,溯源已经成为工作流管理工具的一个组成部分。工作流溯源进一步将生产流程的类型限制为所谓的工作流。在工作流溯源技术中,将工作流结构化为有向图模型进行解析,节点对应着不同的功能单元或模块,这些单元普遍包含各自的输入属性、输出结果以及相关参数设定。而有向图中的边则用来模拟和刻画这些模块间预先定义好的数据流动关系及控制流程。例如,有一个在线商店,它的订单处理过程包括多个步骤,即接收订单、检查库存、生成发票和发送确认邮件等。工作流溯源用于记录每个步骤的执行以及步骤之间的依赖关系。

4. 数据溯源

数据溯源涉及数据本身的来源和历史。这种类型的溯源通常关注数据如何被创建、修改、传输和使用,包括数据的格式、质量和精确度等,数据溯源技术能够实现对单个数据项处理过程的"最高级别"的追踪。换句话说,数据溯源是针对每一个独立数据项及其经历的具体操作进行详尽的记录和追溯。通常情况下,数据溯源在结构化数据模型以及采用声明性查询语言表达语义的场景下得到了广泛应用,这对于在数据转换后恢复单个数据项的溯源信息,或者在数据处理时将溯源注释传递给扩展的数据项或操作符都是必要的。数据溯源在工作流溯源的信息之上,具有清晰的语义。

5.1.2 溯源的应用

收集(也称为捕获)和处理溯源数据在各种环境下都很重要,例如,监控加工环节、重现实验结果、跟踪罪犯行为、审计财务账目,如图5-2所示。下面通过四个示例了解各种可能的溯源应用场景。

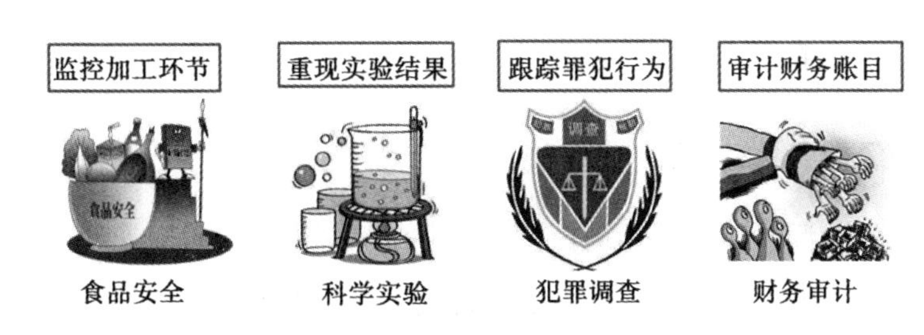

图5-2 溯源的应用

在食品安全方面,溯源可以帮助追踪食品的原产地、加工过程和供应链。2013年,欧洲食品市场受到了一场重大丑闻的打击:据称一些含有牛肉的加工食品被发现含有马肉。因此,食品供应商、各国政府和欧洲委员会对加工食品中的成分、食品的原产地标签以及记录其整个加工的过程和供应链进行了溯源。消费者普遍意识到要增加对食品溯源信息的需求,以更好地评估食品的质量。类似地,进行产品溯源和供应链溯源的场景也可以在其他行业发现。

在科学实验方面,溯源可以保证科学结果的可重复性和可及性。ATLAS实验是欧洲核子研究中心大型强子对撞机的一个主要实验。第一次数据采集导致了大约100 PB的数据(原始和处理)。确保科学结果的可重复性和可及性是必不可少的,然而,这种规模的实验不容易重复。因此,ATLAS利用溯源技术合作制定了一种策略来保存数据和用于分析它们的程序。

在犯罪调查方面,溯源可以用于追踪涉案物品的流向和嫌疑人的行动轨迹。例如,在一起毒品案件中,警方可能会使用溯源技术来跟踪毒品从生产到最终销售的整个供应链。通过收集并分析这些数据,警方可以确定哪些人参与了这个供应链,以及他们之间的关系和角色。溯源技术也可以用于追踪电子设备或交通工具的位置和使用历史,以帮助警方确定嫌疑人的行动轨迹并追踪他们的位置。

在财务审计方面,溯源可以用于追踪财务数据和交易历史。例如,一个企业可能会使用溯源技术来跟踪某笔交易的源头和所有涉及的人员。这些数据可以用于审计和确保财务报告的准确性。溯源技术也可以用于追踪金融诈骗案件中的资金流动,以帮助警方追踪犯罪嫌疑人。

从上面的四个例子中,我们观察到,溯源技术在各个领域都有着广泛的应用。它能够帮助我们了解事物的历史和起源，追踪其流向和去向，评估其真实性和质量，从而为决策提供依据。

5.2 溯源存储技术

5.2.1 溯源存储模型与系统

1. 开放溯源模型与溯源图

高效规范的溯源存储是采用溯源的必要步骤。2008年，研究者们在第一次OPM研讨会上讨论了OPM（open provenance model，开放溯源模型）规范，通过对数据对象之间所具有的依赖关系进行定义，并构建一种异构溯源图对数据对象进行描述。OPM的节点类型与含义如表5-1所示。

表5-1 OPM的节点类型与含义

OPM的节点类型	节点含义
Artifacts（文件）	代表用于描述系统中的数据、信息或实体的抽象对象
Process（进程）	对文件进行操作，并产生新的文件
Agent（代理）	实现、促进、控制或影响进程执行的上下文实体

溯源图的目的是捕获上述实体之间的因果依赖关系。因此，溯源图被定义为有向无环图，它的节点是Artifacts（文件）、Process（进程）和Agent（代理），代表数据对象，它的边表示节点之间的因果关系或节点之间的影响。

OPM的五种边类型如图5-3所示。图中，Artifacts（文件）由圆圈表示，Process（进程）由矩形表示，Agent（代理）由菱形表示。

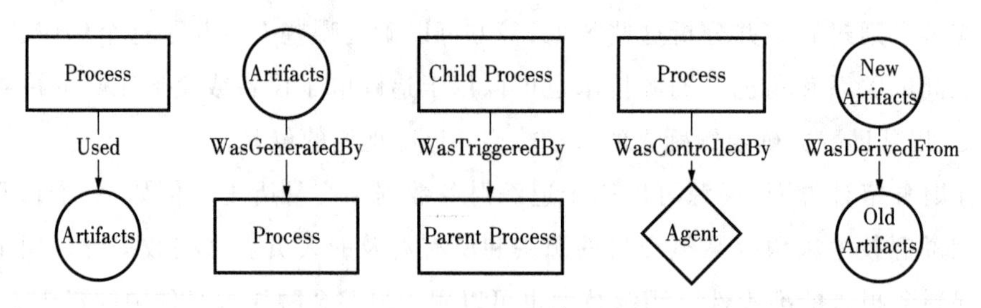

图5-3 OPM的五种边类型

OPM的边类型及边代表的依赖关系的含义如表5-2所示。

表5-2　OPM的边类型及边代表的依赖关系的含义

OPM的边类型	边代表的依赖关系的含义
Used	该依赖关系通过将进程P连接到文件A，表示进程P需要用到文件A。当多个文件通过多条边连接到同一进程时，表示进程需要使用所有这些文件
WasGeneratedBy	该依赖关系通过将文件A连接到进程P，表示进程P产生了文件A
WasTriggeredBy	该依赖关系通过将进程P2连接到进程P1，表示P1的执行依赖P2
WasControlledBy	该依赖关系通过将进程P连接到代理Ag，表示由Ag控制P
WasDerivedFrom	该依赖关系通过将文件A2连接到文件A1，表示A2是A1的衍生

OPM由独立于技术的规范和图形符号组成，通过约定分布式环境下溯源模型的构建，提出一种记录数据对象的通用溯源模型，并构建一种异构溯源图对数据对象进行描述。图5-4是一个简单说明所有概念和一些因果依赖关系的溯源图示例，这个溯源图表示小明烤的蛋糕里有黄油、鸡蛋、糖和面粉。

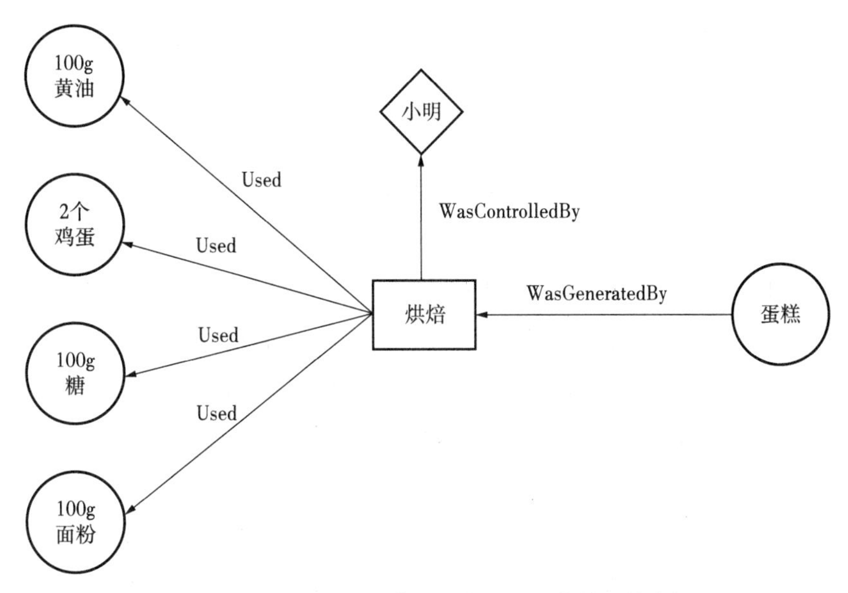

图5-4　简单说明所有概念和一些因果依赖关系的溯源图

2. 系统级数据溯源捕获系统

在计算机语义中，数据溯源表示数据项（实体），用于这些项的转换（活动）以及与数据和转换关联的人员或组织（代理）之间的关系，可以理解为系统内数据的起源和转换的记录。

大多数数据溯源捕获系统用于监控系统级数据溯源。系统级数据溯源通过分析用户或内核空间中的系统调用，描述系统实体之间的信息流。溯源数据记录系统的状态以及系统如何达到当前状态的过程，包括数据源和用于数据的转换，主要通过记录数据对象(文件、进程、套接字等)及其之间的依赖关系来得到。

1) 针对Windows的数据溯源捕获系统

ETW(event tracing for Windows,Windows事件跟踪)是一个内置的用于记录内核或应用程序事件的设备驱动程序,主要由三大核心组件构成:首先是用于启动和终止事件跟踪会话的控制器单元;其次是负责在会话中生成并发布各类事件的提供者模块;最后是能够从会话中获取并利用这些事件信息的用户部分。Sysmon通过访问和聚合ETW的多个日志源来记录与安全相关的系统活动。Sysmon记录了各种事件,如网络连接、管道、注册表、文件和映像操作,并且规则集定义了所监视的事件的范围。

2) 针对Linux的数据溯源捕获系统

Linux有一个内置的审计系统,它可以通过拦截用户空间中的系统内核来监视与安全和非安全相关的事件,但其缺点是有较高的运行时开销。RecProv通过应用软件调试中的记录和回放方法来生成系统级的数据溯源,从而解决了运行时开销的问题,并且通过安全的数据溯源存储保护数据的完整性。

由于Linux早期的数据溯源捕获系统不能监控由内核启动的操作,因此,可能会错过入侵检测和取证分析的基本事件。Hi-Fi是第一个监控内核的数据溯源捕获系统,它在内核空间中拦截系统的调用,并观察由内核发起的操作来收集整个系统的数据溯源。Provmon是一个高保真端口,它为系统实体添加额外的语义信息,如文件和远程IP地址的版本,以及网络事件的端口。Hi-Fi和Provmon是为现在过时的内核版本而设计的,不能在当前的Linux系统上运行。CamFlow是最新的数据溯源捕获系统,它使用自包含的易于维护的Linux安全模块(LSM)和Netfilter来收集系统数据溯源,它利用最新的内核特性来提高整个系统的数据溯源收集的效率。与以前的方法相比,CamFlow显著减少了运行时开销。关于CamFlow系统,我们后面还会进行介绍。

3) 跨平台的数据溯源捕获系统

数据溯源包含特定于操作系统的节点、边的类型和属性。因此,不能简单地合并来自各种操作系统的数据溯源。为了解决这个问题,已经提出了多个跨平台的数据溯源捕获系统。

DTrace是Sun微系统公司开发的早期跨平台的数据溯源捕获系统,可以部署于Windows、Linux和MacOS中。然而,DTrace不支持异构系统级数据溯源的聚合。具有溯源感知功能的存储系统(PASS)通过一个具有溯源感知功能的文件系统来解决这个问题,该文件系统提供了一个公开的溯源应用程序编程接口(API),以实现层之间的接口和各种操作系统的命名转换。另一个跨平台的数据溯源捕获系统是支持分布式环境中的溯源审计系统SPADE,它聚合了异构系统级数据溯源,以支持跨多个操作系统的分布式调试和因果关系分析。

3. 典型溯源收集系统CamFlow的介绍

目前已经有多个符合OPM规范的全系统溯源数据的收集系统，包括PASS、SPADE和CamFlow等。接下来将详细介绍最新的溯源收集系统CamFlow的架构。

CamFlow是一个Linux安全模块(LSM)，旨在捕获溯源数据以用于系统审核，可以跨平台进行溯源信息收集。CamFlow是全系统溯源概念的实现，而且CamFlow全系统的溯源信息捕获机制是高度可配置的。CamFlow可以与现有的安全模块(例如SELinux)堆叠在一起，可以满足许多不同类型的应用程序的需求。虽然之前有几个数据溯源捕获系统能捕获详尽的、系统的和普遍的系统行为记录，但由于这些数据溯源捕获系统存在一些问题，所以导致这些系统没有一个被采用。CamFlow通过一些方式解决了这些问题。以往数据溯源捕获系统与CamFlow溯源收集系统的对比如表5-3所示。

表5-3 以往数据溯源捕获系统与CamFlow溯源收集系统的对比

以往数据溯源捕获系统存在的问题	CamFlow溯源收集系统的优点
会造成过高的开销	利用最新的内核设计优势来提高效率
是为过时的内核版本而设计的，很难移植到现有系统	使用一个独立的、易于维护的实现，该系统依赖于Linux安全模块、NetFilter和其他现有内核工具
生成太多数据	提供一种机制来根据应用程序的需求调整捕获的溯源数据，在不修改现有应用程序的情况下捕获有意义的溯源信息
是为单个系统而设计的	易于集成跨分布式系统的溯源信息

CamFlow从操作系统的角度进行溯源信息捕获，同时提供有关其完整性的保证，这是通过依赖于操作系统监视器来实现的，该监视器捕获了用户级应用程序和内核对象之间的交互信息。CamFlow的系统架构图如图5-5所示。CamFlow分为四个模块：溯源数据收集模块、溯源数据记录模块、捕获策略配置模块和存储模块。

溯源数据收集模块：CamFlow在Linux内核中实现，并且依赖于Linux安全模块(LSM)框架和NetFilter框架来实现对溯源信息捕获收集。

溯源数据记录模块：CamFlow是一个守护程序，负责记录CamFlow在内核中捕获的溯源信息。camconfd将收集到的溯源数据发布到Relayfs。CamFlow守护程序检索这些记录，将它们序列化为配置指定的格式，然后将它们写入配置指定的输出。

捕获策略配置模块：camconfd是一个守护程序，负责配置内核内的溯源数据捕获机制。配置守护程序从/etc/CamFlow.ini中读取，并通过securityfs接口将指定的配置加载到内核中。

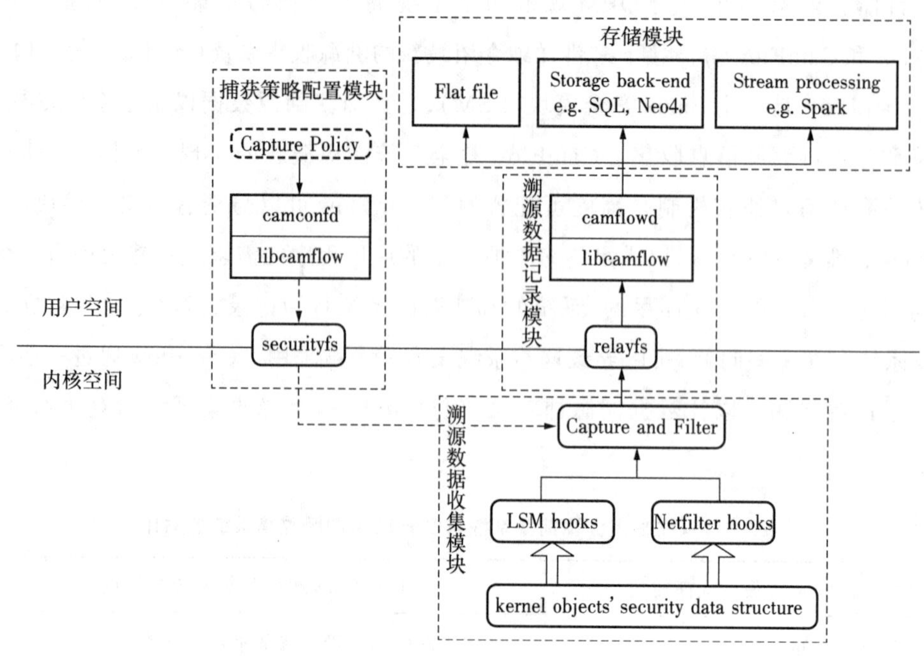

图5-5 CamFlow的系统架构图

存储模块：将指定输出格式的溯源记录保存到文件、数据库或者进行数据流处理。

5.2.2 溯源图缩减技术

溯源存储的一个主要挑战是生成大量的溯源数据，数据量可以迅速增加到多个TB，这取决于收集数据溯源的主机数量和数据存储的天数。考虑到APT具有的某些攻击的性质，并且可以持续数月，因此，数据溯源必须存储足够长的时间。这不仅导致了很高的空间开销，还面临着实时分析数据的挑战。

图缩减技术旨在减少存储开销，提高入侵检测效率，缩小取证分析中的场景图大小。研究人员提出了不同的方法来进行溯源图缩减，同时保留尽可能多的语义信息。可以分为以下四类方法：基于位压缩的缩减、基于简化的缩减、基于策略的缩减和基于分组的缩减方法。

1. 基于位压缩的缩减方法

定义1(基于位压缩的缩减)。基于位压缩的缩减旨在减少磁盘上存储数据所需的比特数。大多数方法应用无损压缩技术，并允许重建原始的输入溯源图。

有研究基于位压缩的缩减提出了一种Web图压缩技术，该技术在溯源图中搜索具有公共子节点的节点，然后对它们进行编码。具有连续数字的子节点可以通过记录第一个数字和长度来进行编码,其余的子节点可以通过从其编号中减去它们以前的子节点编号来进行编码,这种压缩技术将溯源图的存储开销降低到了原来的1/2.71。

2. 基于简化的缩减方法

定义2(基于简化的缩减)。基于简化的缩减利用安全上下文来删除被认为与入侵检测和取证分析无关的事件。

一种基于简化的缩减方法是LogGC,它是一种带有垃圾收集能力的审计日志系统,基于可达性的内存垃圾收集算法的修改版本删除了冗余和不可到达的节点。LogGC通过将长时间运行的进程划分为多个逻辑数据单元来优化垃圾收集过程。与BEEP相比,常规应用程序的取证分析的审计日志大小减小为原来的1/14,服务器应用程序减少为原来的1/37。

3. 基于策略的缩减方法

定义3(基于策略的缩减)。基于策略的缩减使用由安全专家定义的预定义策略来总结来源图。

一种基于策略的缩减方法是ProvWalls,它通过将监视限制为驻留在应用程序的可信计算基(TCB)中的事件来缩减数据溯源的空间开销,通过分析系统的强制访问控制(MAC)策略,可以识别出溯源敏感对象的信息流。ProvWalls虽然只增加了1.5%的少量运行时开销,但可以在确保完整溯源的同时减少达89%的空间开销。然而,基于策略的缩减方法的一个缺点是,可能会错过为绕过预定义策略而设计的攻击的数据溯源。

4. 基于分组的缩减方法

定义4(基于分组的缩减)。基于分组的缩减是基于安全上下文聚合节点、边及其属性。

基于分组的缩减方法分为基于边缘分组的缩减和基于节点分组的缩减。

一种基于边缘分组的缩减方法是CPR。基于这样的观察,只有少数关键事件对其他事件有因果重要性。因此,可以删除不相关的事件,也可以用其关键事件聚合阴影事件。图5-6展示了一个CPR示例,其中流程A是法医分析中用于正向跟踪的感兴趣点(POI)。图5-6清楚地显示:首先,事件E5是事件E2的阴影事件,因此,诸如时间戳等语义信息可以是聚合的。其次,事件E3是一个不相关的事件,可以删除,因为它对法医分析中的正向跟踪的结果没有任何影响。

一种基于节点分组的缩减方法是NodeMerge,它基于对进程在初始化过程中产生的许多冗余事件的观察(例如加载库、访问只读资源或检索配置)来检测和总结这些事件模式。首先,NodeMerge创建频繁访问模式(FAP);其次,基于优化的频繁模式(FP)增长算法自动从FAP中学习模板;最后,使用这些模板来进一步压缩事件数据。与以前的LogGC或CPR等方法相比,基于模板的方法可以分别减少开销到原始数据空间的1/75和1/32。该方法对于重复运行相同进程的主机特别有效,但对于主要执行写密集型进程的主机可能没有明显效果。图5-7展示了一个NodeMerge示例,其中进程B读取每个初始化文件D~F,NodeMerge检测并将其汇总为模板T1,以减少空间开销。

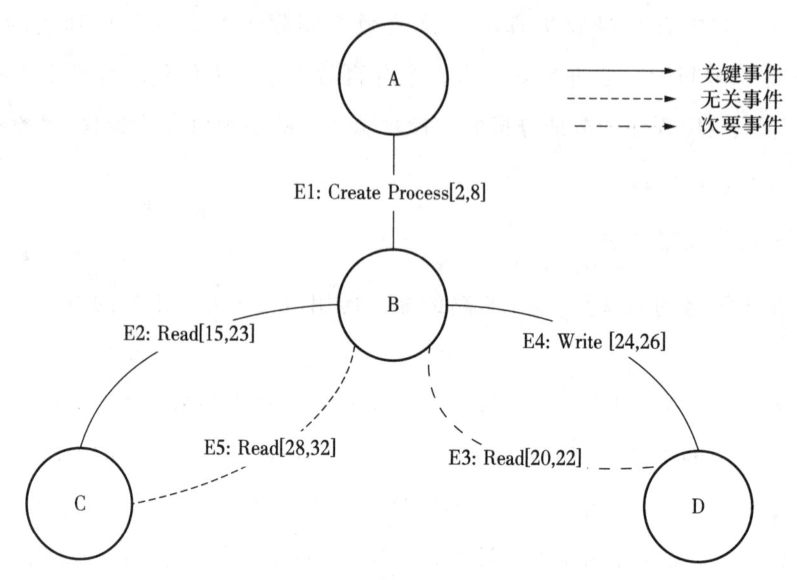

图5-6　CPR示例

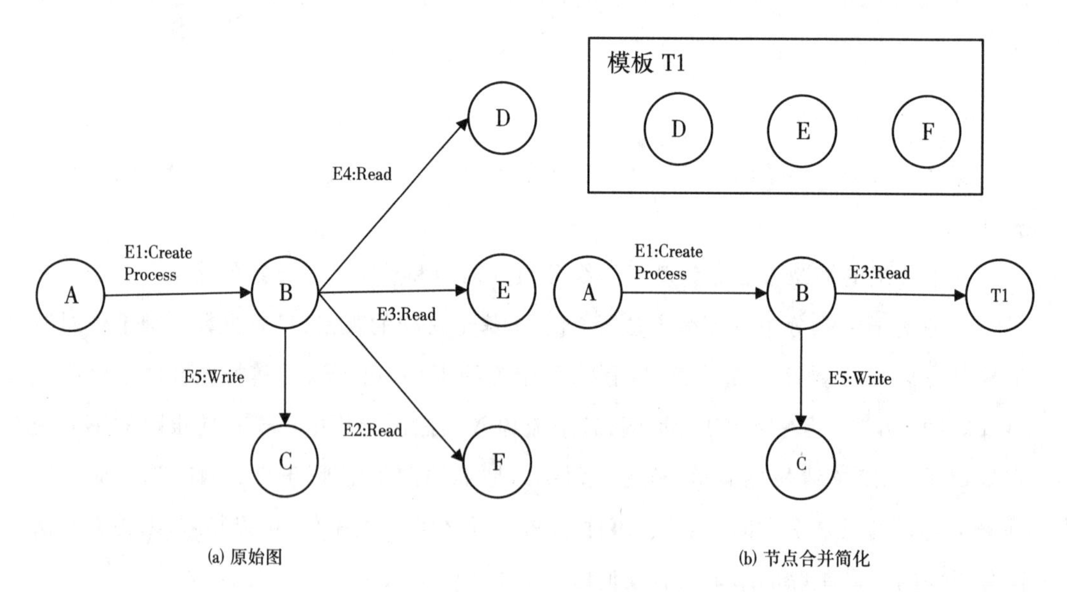

图5-7　NodeMerge示例

5.3 基于溯源的入侵检测与取证分析

5.3.1 设计动机

入侵检测通过分析从计算机中收集到的与主机行为和网络行为相关的信息，使用基于签名或异常的入侵检测技术进行在线或离线检测，判断主机和网络是否被入侵，再进一步对入侵原因进行分析，对主机和网络进行主动防护。图5-8所示为IDS的类型和所使用的数据源的分类。

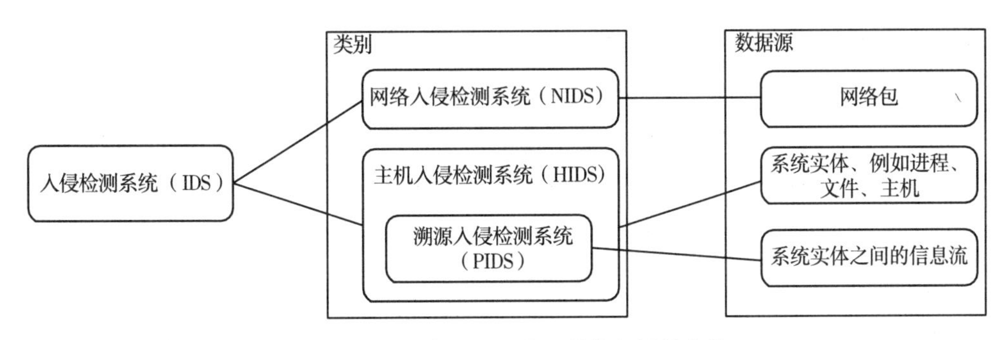

图5-8 IDS的类型和所使用的数据源的分类

根据数据源的不同，入侵检测系统可以分为主机入侵检测系统(HIDS)和网络入侵检测系统(NIDS)。NIDS通过监控网络层上多个主机的网络流量来识别入侵，并且可以容易集成到现有网络的基础设施中。但是，NIDS不能分析加密的网络流量，只能检测到外部入侵。HIDS通过监视主机的文件系统、系统调用和网络事件来识别入侵，由于有更细粒度的事件日志，因此HIDS通常优于NIDS。但是，HIDS需要部署在每个主机上，只能监视已部署它的主机，并生成大量的事件日志。

最开始的入侵检测所用的信息源为计算机记录的本地日志，通过对日志信息进行分析，从而判断是否有入侵行为。这种检测方法的局限性很大，因为：一方面，日志记录的与入侵相关的关键信息很少且不全面，与入侵行为相关的信息只有用户信息和一些网络包信息会被记录，这样判断是否有入侵行为就存在困难；另一方面，即使判定有入侵行为的发生，当想要对入侵行为的原因进行分析时，因为日志记录的信息不会区分入侵行为和正常用户行为，所以需要从大量日志信息中手动分析入侵的原因，这样想要知道入侵的整个流程很耗时间且十分困难。

因为将日志作为数据源进行入侵检测存在很多困难，因此有研究者转而将系统调用序列作为数据源进行入侵检测，之后也有很多致力于如何提高系统调用序列利用率的研究,以得到更好的检测效果。但是将系统调用作为入侵检测的数据源也受到限制。系统调用可以通过特殊的方式被截获,从而被攻击者利用,且从收集到的系统调用信息中也无法对入侵行为进行分析,即使得知网络或主机存在入侵行为。

因为日志和系统调用作为数据源也受到限制,所以有研究者将溯源技术用于入侵检测。与将日志和系统调用作为入侵检测数据源的检测方式不同,溯源入侵检测技术将溯源数据作为新的入侵检测数据源。溯源数据本质上是一种异构图,称之为溯源图。溯源数据会记录系统的状态和系统到达当前状态的过程,主要通过记录数据对象(文件、进程、套接字等)以及这些数据对象之间依赖关系的方式。溯源数据所记录的依赖关系是跨系统的,因此相较于之前的日志和系统调用的方式,通过对溯源数据所记录的信息进行分析,可以更好地检测入侵行为以及对入侵行为进行分析,所以溯源数据因为其特性更适用于入侵检测领域。

总的来说,基于溯源的入侵检测方法适用的原因有以下四点。

(1) 溯源捕获对安全敏感的内核对象的完全访问:最先进的数据溯源捕获系统利用Linux安全模块(LSM)接口来记录每个与安全相关的交互的溯源,而不是拦截系统调用。它们可以扩展到可验证的监控系统中的所有信息流。

(2) 溯源明确了对象之间的关系:溯源的一个强大特性是它用原生图形表示,它将系统执行显示为数据对象之间的交互。然而,这种相互依赖是每个执行跟踪所固有的,即使在来自audit等日志系统的非结构化审计数据中也是如此。事实上,目前存在一些框架,可以从审计数据重建基于图的来源,以允许对系统执行进行推理。然而,这种事后的方法带有一个警告:很难确保从审计数据构建的图的完整性或正确性。

(3) 入侵是意外交互的结果:受害者系统的入口点可能是一个单一的、孤立的事件,但它的影响必须传播,才能将入侵传染给攻击者。例如,考虑一个希望从他控制下的数据服务器窃取敏感信息的内部攻击者。他首先安装一个恶意的BASH脚本,该脚本可以发现并收集所有文档(即指向服务器的单个入口点)。然而,要成功窃取信息,他需要将其转移到外部机器上,或者将其写入外部存储设备上。检测数据泄露的关键是将数据的收集与数据的传输连接起来,在溯源图中,这被清楚地表示为进程、文件和套接字之间的依赖链。

(4) 图表示提高了鲁棒性:图通常具有反向鲁棒性,也就是说,攻击者更难伪装它的行为来适应图结构。事实上,当我们使用基于LSM的数据溯源捕获系统时,我们声称入侵的溯源图必须与有效执行的溯源图不同。当LSM将钩子放在生成信息流的任何执行路径上时,如果捕获系统在每个这样的路径上记录溯源,那么从溯源图中可以明显看出违反了安全策略。此外,攻击者还必须了解IDS所引用的子结构,而这需要付出很大的努力。

5.3.2　数据溯源相关术语

数据溯源在前面的章节已经提及,这里定义的数据溯源和相关术语是用于入侵检测的。

定义1(数据溯源)。数据溯源是指表示一个事件的起源,并解释它如何以及为什么到达当前状态的记录轨迹。

定义2(溯源图)。数据溯源可以表示为DAG,即溯源图。在这个图中,系统实体表示为节点N,系统操作表示为有向边E。一个溯源图G可以概括为:G=(N,E)。图5-9所示为攻击溯源图的一个示例,即一个攻击者通过远程开采vsftpd漏洞获得root权限,然后进入系统目录非法访问了账户文件f1、f2。

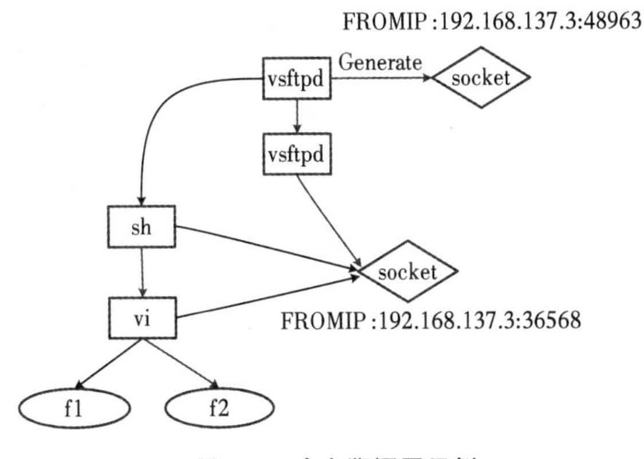

图5-9　攻击溯源图示例

定义3(节点)。溯源图G中的节点n表示一个系统实体,如进程、文件或主机。节点具有唯一标识符,它可能包含属性,可以表示为n={id, properties*}。溯源图G的节点N表示为:N={n1,n2,…,nn}。

定义4(边缘)。溯源图G中的边e表示两个节点之间的事件。边具有唯一的标识符、源节点和目标节点的id、时间戳,并且可能具有其他属性。它可以表示为e={id, source_id, tarдet_id, timestamp, properties*}

定义5(后向跟踪)。后向跟踪确定了溯源图G中感兴趣的节点n的记录跟踪。生成的子图trace_Graph包含了导致节点n的所有节点和边。

定义6(前向跟踪)。前向跟踪发现了溯源图G中感兴趣的节点n所受的影响。所得到的子图trace_Graph包含了受节点n影响的所有节点和边。

定义7(场景图)。场景图G是给定溯源图G的一个子图,它只包含与感兴趣的节点n有因果关系的节点和边。通过从节点n的后向跟踪和前向跟踪,可以从溯源图G

中导出场景图。对于取证分析,后向跟踪用于确定潜在安全警报的记录跟踪,并揭示初始入侵点。正向跟踪用于发现受入侵影响的系统实体。该场景图可以帮助安全专家及时地对安全事件进行取证分析。

定义8(因果关系分析)。因果关系分析确定了溯源图G中的两个给定节点n1和n2是否存在因果关系。因果关系分析可以确定两个安全报警是否相关,从而有助于检测多阶段攻击。

5.3.3 基于溯源的入侵检测与取证分析系统架构

本节将介绍一个典型的基于溯源的入侵检测与取证分析系统的通用框架,如图5-10所示。

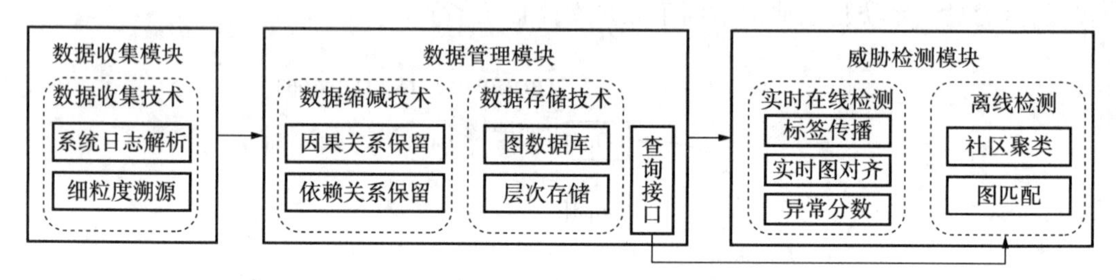

图5-10 基于溯源的入侵检测与取证分析系统的通用框架

首先,通过在目标主机上安装数据收集模块,收集系统对象之间的操作信息,表示为溯源信息。收集到的信息将被解析为事件流,事件流将被转换进入数据管理模块或直接转换到基于流的检测系统。

其次,在数据管理模块中,过滤器将根据不同的原理、应用不同的数据缩减算法来去除冗余事件,缩减溯源图的数据不仅可以减少存储空间,而且可以减少后续的检测或调查开销。压缩后的数据将存储在数据库中,该数据库被适当地设计为支持频繁查询和持久访问。

最后,也是最重要的一个模块,即威胁检测模块。基于溯源图的入侵检测并不简单,最重要的挑战来自实时生成的大量数据。典型的操作系统会执行大量的文件读/写和网络连接操作,这会带来大量的背景噪声;此外,如何及时发现可疑事件也是一个挑战。针对这两个挑战的缓解策略是,利用流数据逐步建立一个简洁而全面的模型。

1. 数据收集模块

作为第一步,安全分析器需要在目标主机上部署收集器,以收集溯源信息。一般有两种收集器:专注于系统级信息流的粗粒度数据收集器,如文件读取、进程间通信等,以及涉及进程内部信息流跟踪的细粒度数据收集器。

1）粗粒度溯源收集

粗粒度数据收集器只跟踪系统级对象之间的溯源，也称系统级收集器。系统级的溯源可以从多个不同的来源获得，当今的大多数操作系统都有内置的审计系统，可以在系统级对象之间提供必要的信息流。CamFlow采用LSM和NetFilter在Linux上连接内核对象的安全数据结构；SPADE为不同的系统提供多个收集器模块，例如，通过Linux上的Auditd和MacOS上的MacFUSE连接系统调用等。对于不同的操作系统和审计工具，事件列表可能会有所不同。对于Linux，所有对象都被抽象为文件；对于Windows来说，读/写注册表是很重要的，然而，这种扩展微不足道，不会过多地影响以后的数据管理和检测。

2）细粒度溯源收集

溯源图因果关系跟踪的一个常见挑战是“依赖爆炸”问题，它会导致大量标记为恶意的良性节点，会带来大量的计算开销和人工劳动。具体来说，对于一个具有m个输入边和n个输出边的溯源节点，可能有多达m×n个可能的信息流。细粒度数据收集器可以通过更准确的关联输入和输出，从根本上解决“依赖爆炸”问题。理想情况下，信息流的数量可以减少到m+n。因此，研究人员提出了许多收集细粒度溯源的方法。能够准确跟踪流程内信息流的污点分析被广泛用于防止信息泄露或零日攻击。通过将进程间溯源分析和进程内分析相结合，研究人员能够准确地跟踪信息流。然而，污点分析带来了巨大的开销，使程序的运行速度变慢为原来的1/10到1/2或更多。过多的开销使得污点无法用于大规模的威胁检测。为了减少开销，有研究试图在粗粒化过程和细粒度变量之间找到一个中间地带。这些工作都对因果关系应该保持在什么样的粒度做出了不同的认定。

2. 数据管理模块

在组织或企业中，普遍存在的监控系统会产生大量的数据。一个理想的数据管理模块在提供有效查询接口的同时应该考虑如何降低存储成本。下面介绍如何从三个方面设计这样一个理想的数据管理模块：①数据存储模型，②溯源图数据缩减算法，③查询接口。再试图回答两个研究问题，RQ1：如何有效减少数据存储的大小，同时保持语义的完整性？RQ2：如何平衡溯源图存储的空间效率与查询的时间效率？

1）数据存储模型

所使用的数据模型取决于后续的操作。一个简单的想法是在图数据库中存储溯源图。图数据库是一种广泛使用的NoSQL数据库，它将所有数据存储为节点和边，并提供具有节点和边的语义查询接口。因此，执行图形算法，如回溯和图形对齐，是相对容易的。但是，现有的图形数据库需要在主内存中加载整个图形数据库，以启用查询。

在大的组织中,需要加载TB字节的数据来进行长期的攻击活动,即使分配如此大的内存,仍然是有可能的,这种方法也会产生大量的I/O开销。为了应对这一挑战,安全研究人员设计了检测算法,该算法只消耗流中每个事件一次,并采用存储在缓存中的状态来表示事件历史。对应于存储在内存中的缓存图,这种方法的输入称为流图。

以顶点为中心的数据库,建立在关系数据库上,将所有条目存储为〈K,V〉对,其中K表示顶点(节点)的标识符,V表示几个条目的列表,如父节点、子节点和规则。该数据模型可以很容易计算节点之间的交互,从而广泛应用于基于异常分析的检测系统。此外,关系数据库可以存储在磁盘中,并通过内存中的缓存进行加速,因此比基于图数据库的方法更灵活。

2) 溯源图数据缩减算法

近年来,越来越多的组织、企业和政府机构遭受了高级持续性威胁(APT)攻击。这些攻击通常有多个阶段,并且会持续很长一段时间。此外,这些攻击通常非常隐蔽,难以被发现。据报道,潜伏在企业内部的高级持续性威胁攻击的平均持续时间有长达188天的。然而,在溯源图中收集的数据量非常大,而且单台机器的数据量在一天内很容易超过1 GB。此外,一个大型企业或组织中的主机数量可以达到数万台。这就带来了大量的数据存储开销。时间上,大量的数据也给后续的数据回溯带来了巨大的困扰。因此,压缩溯源图的算法是研究者需要研究的一个课题。

溯源图是一种特殊的图,其数据主要包括两部分:节点(主体和对象)和边(事件)。对溯源图进行压缩的本质是在删除尽可能多的不必要的节点和边的同时,再保持尽可能多的语义。具体来说,需要考虑三个问题:①如何定义需要维护的语义?②压缩算法的计算复杂度是多少?③压缩算法的效果如何?考虑到这三个问题,我们将分别讨论如何压缩节点和边。

在第5.2.2节中已经分类介绍过数据缩减方法,这里不再赘述。

3) 查询接口

大多数检测方法倾向于使用简单的数据库查询接口和固定的数据结构,以确保其普遍性。但是,对于定制的攻击调查需求,这样的查询接口可能不够灵活。为了填补这一研究空白,研究人员提出了一系列的溯源图查询系统。这些查询系统提供了幼稚数据库无法提供或需要额外效果的调查功能。这些功能列表如下。

•因果关系跟踪。溯源图具有较强的时空特性,因此与普通图不同。向后跟踪和向前跟踪应该考虑这些称为因果关系的特性。几乎所有的查询系统都将因果关系跟踪视为其基本功能,并提供方便的语言或接口支持。

•溯源图模式匹配。图模式匹配是图形查询的核心。对基于溯源图的威胁检测,可以使用图模式来表示具有丰富语义的攻击行为。因此,模式匹配等同于威胁检测。

•基于流的查询。威胁检测是一项受时间限制的任务。为了减少攻击与调查和响应之间的延迟,Gao等研究人员提出了SAQL方法,该方法将从多个主机收集聚合的实时事件摘要作为输入,同时提供丰富的接口,并构建查询引擎,利用其成熟的流管理引擎解决可伸缩性的问题。

•异常分析。安全日志审计和威胁检测严重依赖于专家的经验。为了利用专家的领域知识来表达异常,Gao提供了一种特定于领域的查询语言SAQL,SAQL允许分析人员表达:①基于规则的异常,②时间序列异常,③基于不变的异常,④基于离群值的异常的模型。

总之,这些查询系统能为分析人员提供一种彻底的攻击调查功能。这些系统通常建立在成熟的流处理系统或数据库上,但是会使用专门设计的数据模型和查询语言来考虑溯源图的特殊属性。

3. 威胁检测模块

利用溯源图,安全分析人员可以将主机中的因果事件和实体联系起来,从而获得良好的抽象能力,这可以很好地描述系统中的数据流和控制流。为了连接一个攻击中涉及的多个点,比较简单的方法是回溯。然而,简单的回溯算法很难区分正常的数据流和恶意的控制流,存在一个依赖性爆炸的问题,所以精度很低。为了解决这一问题,并提供一个实时、高效、低假阳性的威胁检测系统,研究人员提出了许多不同的方案。

本节中,首先给出基于溯源图的在威胁检测研究中常用的威胁模型。然后,与现有的入侵检测系统进行比较,并尝试回答两个研究问题,RQ3:如何设计一个高效、健壮的入侵检测算法,并平衡真阳性和假阳性? RQ4:如何尽量缩短检测或可追溯性取证的响应时间?

1) 攻击模型

(1) 多阶段APT攻击模型,目的是检测高级持续性威胁(APT)攻击。APT攻击具有复杂性、隐蔽性和持久性等特点。典型的APT攻击可以分为多个阶段。每个阶段都有一个特定的目标,可以采用不同的技术来实现这个目标。现实世界中的攻击通常涉及三个或更多的阶段。因此,即使错过了某些阶段,通过安全分析仍然可以识别一个威胁,并使用数字取证技术完成丢失的部分。同时,也可以采用多阶段特性来过滤出虚假警报。

(2)信息泄露模型假设攻击者能够控制整个目标系统。其目标是将指定的敏感信息以各种方式传递给由攻击者控制的端点,很大一部分APT攻击也是针对信息泄露的。但是,与多阶段APT攻击模型不同的是,信息泄露模型并不关注特定的攻击技术,而是关注系统中的信息流,并不断监控敏感信息是否流到未经授权的点。

(3)一般攻击模型更加多样化。有慢速的和隐形的攻击,如APT,但也有快速的和明显的攻击,如勒索软件。目标可能是窃取信息,但也可能纯粹是破坏。因此,需要更一般和更详细的攻击模型来检测这类攻击。

2) 威胁检测与调查系统的设计

溯源图能够将系统中的事件与因果关系联系起来,而不管事件之间的时间如何,从而有一个攻击的整体视图。回溯技术由King提出,是溯源图上最早、最基本的攻击调查方法。给定一个检测点,回溯能够遍历系统执行的整个历史上下文。然而,朴素的回溯需要完整的溯源图和很多人工干预,因此这既不能及时响应也不能有效处理大规模或复杂的网络攻击或事件。一个理想的威胁检测系统需要同时考虑三个属性:快速响应、高效和高精度。然而,溯源图的大小,即使是修剪过的,也非常大。因此,对溯源图的威胁检测可能会带来较高的空间和计算开销。为了在这三个属性之间找到平衡,研究人员已经做了很多尝试。这些方法根据主要的检测设计可分为三类。

基于标签传播的方法尝试在标签中增量地存储系统执行历史,并利用标签传播过程来跟踪因果关系,这些算法的时间复杂度大致是线性的。此外,它们还可以以流图作为输入,响应迅速。

异常检测试图识别节点之间的异常交互作用。因此,这些方法将通过收集历史数据或通过来自并行系统的数据来模拟正常行为。

基于图匹配的方法试图通过匹配图中的子结构来识别可疑行为。图匹配的计算比较复杂,研究人员试图用图形嵌入或图形绘制算法或使用近似方法来获取图的特征。

如表5-4所示,目标攻击模型、基本检测算法和数据管理模型相互影响,基本决定了检测系统的设计。

表5-4 基于溯源图的威胁检测系统设计分类

方法	攻击模型	检测模型	数据模型	警报检测	警报管理	反应时间	开销	真阳性	假阳性
Back-tracking	General	Naive Backtracking	Cached Graph	X	√	长	中	—	高
HERCULE	General	Community Detection	Cached Graph	X	√	长	低	—	高
POIROT	APT	Graph Alignment	Streaming Graph	√	√	短	中	中	低
Log2 vec	General	Graph Embedding	Cached Graph	√	X	长	低	中	中
ProvDetector	General	Graph Embedding	Cached Graph	√	X	长	低	中	中
UNICORN	APT	Graph Sketch Cluster	Cached Graph	√	X	中	低	高	高
PrioTracker	APT	Anomaly Scores	Cached Graph	√	X	中	低	中	中

续表

方法	攻击模型	检测模型	数据模型	警报检测	警报管理	反应时间	开销	真阳性	假阳性
NoDoze	APT	Anomaly Scores	Vertex- -centric DB	√	X	中	低	中	中
P-Gaussian	APT	Anomaly Scores	Vertex-centric DB	√	X	中	中	中	中
Pagoda	APT	Anomaly Scores	Vertex-centric DB	√	X	中	低	中	中
SWIFT	APT	Anomaly Scores	Vertex-centric DB	√	X	中	低	中	中
Coloring	General	Process Coloring	Cached Graph	X	√	长	低	-	高
SLEUTH	General	Tag Propagation	Streaming Graph	√	X	短	中	高	高
HOL MES	APT	Tag Propagation	Streaming Graph	√	√	短	低	中	低
MORSE	APT	Tag Propagation	Streaming Graph	√	√	短	低	中	低

5.3.4 基于溯源的入侵检测与取证分析典型方法

1. PIDAS:通过溯源感知进行统一入侵检测和取证分析

PIDAS是第一个使用溯源进行入侵检测的研究,溯源能更准确地显示和记录文件与进程之间的数据与控制流,从而减少由系统调用序列引起的潜在错误警报。此外,入侵期间的警报系统可以显式输出系统漏洞和入侵源的详细信息,并为进一步基于溯源图的取证分析提供支持。实验结果表明,与传统的基于系统调用的方法相比,PIDAS能够以较高的检测率、较低的虚警率和较小的检测时间开销识别入侵。另外,它可以快速、准确地分析系统漏洞和进行攻击溯源。

1) 威胁模型

(1) PIDAS防范的主要威胁是由应用程序或进程漏洞引起的入侵。例如,远程攻击者可以利用本地服务器进程中的漏洞(例如vsftpd、samba、distccd等)并完全控制系统。然后,入侵者可以读取或篡改文件系统中的数据,并将蠕虫或特洛伊木马程序下载到系统中。PIDAS可以通过拦截本地或网络系统调用来生成相应的溯源,然后检测溯源中的异常来跟踪整个过程。

(2) PIDAS无法检测到隐式信息流或未通过Syscall接口的入侵,因为这些活动不会产生溯源。关于OpenSSL Heartbleed漏洞(CVE-2014-0160)的实验表明,内存中的数据泄露无法产生溯源,无法被PIDAS捕获。PIDAS模型与着重于特权进程的基于系统调用的入侵模型不同,PIDAS模型只着重于特权进程和普通用户行为,只要入侵行为可以产生溯源即可。

(3) PIDAS不会跟踪对内核漏洞的入侵。实际上,如果没有可靠的复杂硬件基础结构,则无法对付内核攻击。尽管溯源跟踪系统也位于内核中,但可以假设使用可信计算平台和复杂的安全方案来提供完整性、机密性和隐私保证，以防止未发现的溯源被修改。

2）PIDAS体系结构

PIDAS包含三个主要组件：收集器、检测器和分析器。收集器对用户空间中运行的应用程序（包括套接字）进行实时监控，并生成相应的溯源信息。然后，检测器从这些溯源信息中提取依赖项信息，这些信息可用于构建常规的数据库或用于判断入侵是否已发生的关键信息。检测器将生成警报以显示系统漏洞或入侵源信息，并在入侵确实存在时通知系统以提高安全级别。最后，分析器从警报中给出的入侵检测点（例如，损坏的文件或可疑过程）开始在溯源数据库中进行查询分析，必要时进一步详细识别入侵活动。

本节将根据各个组件详细阐述PIDAS的体系结构。

(1) 收集器。收集器的目的是使用溯源记录一系列详细的活动，这些活动可用于入侵检测和分析。PIDAS可从两个方面设计收集器。首先，使用称为PASS的现有溯源跟踪系统来准确捕获程序行为的溯源。请注意，也可以在其他溯源系统（例如SPADE和StoryBook）上构建PIDAS，因为这些系统会拦截系统调用并生成文件粒度溯源。其次，使用结构化数据库能有效地记录文件、进程和套接字之间的依赖关系。图5-11所示的为一种收集器架构。通过PASS收集的溯源首先会被修剪，用于消除不会引起入侵的嘈杂物品，然后将这些溯源批量加载到溯源数据库中，以进行持久存储和高效查询。

当前，PASS主要记录三种类型的对象的溯源，即文件、管道和过程。收集器用于记录不同对象之间的三种依赖关系。

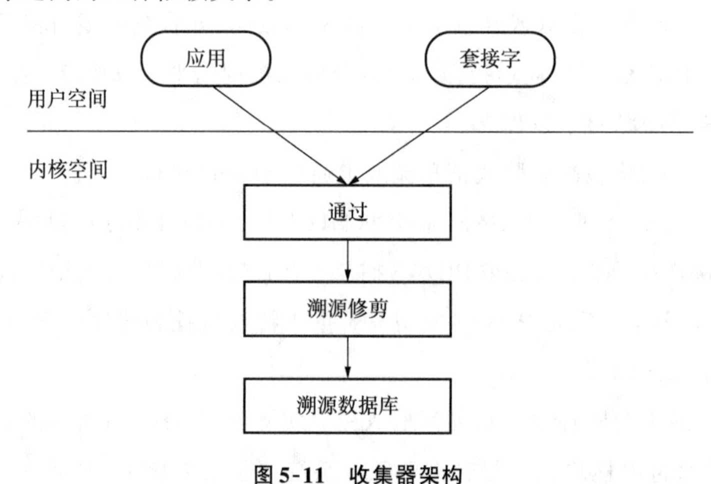

图5-11 收集器架构

① 进程之间的关系，例如，一个进程创建另一个进程，与其共享内存或向其发送信号。

② 进程和文件之间的关系，例如，系统调用WRITE和READ表示是依赖于文件还是依赖于进程。

③ 进程与网络套接字之间的关系，例如，系统在套接字中调用SEND和RECEIVE表示它们之间的依赖关系。

但是，在应用程序或进程运行期间会生成许多嘈杂的溯源项。通常，在程序编译期间生成的临时文件，用于传输隐式数据流的PIPE文件或与某些系统进程进行交互的守护程序。PIDAS在收集的溯源中省略了这些信息，因为它们不包含入侵信息，并且可能会引起误报。

收集器采用了一系列BerkeleyDB键值数据库来存储精简后的溯源信息，如表5-5所示。每个对象均通过其唯一的pnode编号进行标识。IdentityDB用于存储各个对象的身份属性，例如文件索引节点号或进程ID等。为了提升追溯查询的效率，使用ParentDB和ChildDB分别记录对象与其父节点及子节点间的依赖关联。收集器还利用NameDB建立了一个映射关系库，该库中存储的是对象名称与其相应pnode编号之间对应关系的信息。另外，收集器使用RuleDB存储代表对象之间关系的常见事件（即规则）。与使用基于时间轴的日志来审核行为信息的Taser或Backtracker不同，PIDAS提供了一种结构化的方式来更有效地记录和查询入侵信息。

表5-5 溯源数据库

Database	Record
IdentityDB	〈pnode No., attribute〉
NameDB	〈filename, pnode No.〉
ParentDB	〈childpnode No., parentpnode No.〉
ChildDB	〈parentpnode No., childpnode No.〉
RuleDB	〈childname, parentname〉

（2）检测器。本节详细阐述PIDAS的新颖之处：基于溯源图的路径匹配算法，可以快速、准确地进行检测；检测期间的警告报告可以直接输出入侵源和系统漏洞信息，可以进一步减少误报。

图5-12所示的为一个检测器架构。检测器进行在线入侵检测，主要包括三个步骤：建立规则、规则匹配和警告报告。

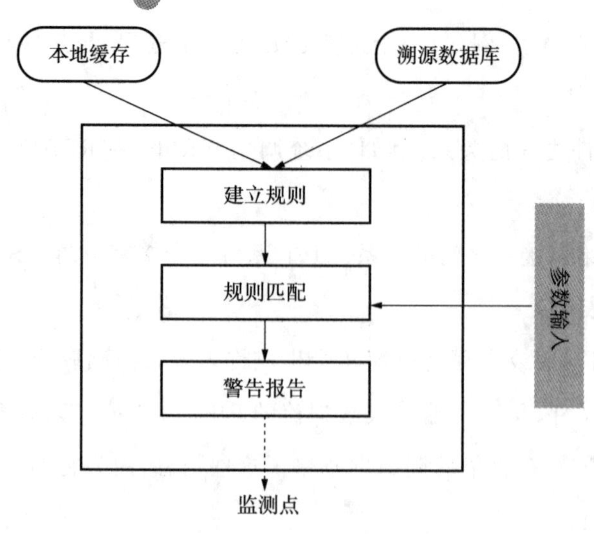

图 5-12 检测器架构

建立的规则从本地缓存或源数据库中获取收集器收集的系统/用户正常行为的溯源信息，提取依赖项信息，然后对常见的正常事件进行统计，并建立规则数据库（即RuleDB）。建立普通数据库的步骤如下。

① 运行程序以正常方式获取其溯源信息R。

② 对于每个R，我们将其分解为一系列关系，这些关系表示两个对象之间的依赖关系，即$R=\{Dep_1,\cdots,Dep_n\}$。Dep_i表示两个特定对象的直接依赖关系，可以将其描述为$Dep_i=(A,B)$，其中A是B的父对象。

③ 将所有这些Dep_i放入普通数据库G中，即$G=\{Dep_1,\cdots,Dep_k\}$。

规则匹配从收集器接收观察到的事件的溯源信息。它首先从溯源中提取依赖信息，然后将其与正常数据库中的序列进行比较，最后计算路径决策值，以判断观察到的事件是否为入侵事件。该算法的详细信息如下。

①对于程序的溯源信息（例如R），PIDAS将其划分为一系列依赖关系，分别表示为$Dep_1,\cdots,Dep_n$，即$R=\{Dep_1,\cdots,Dep_n\}$。

②对于R中的每个$Dep_i=(A,B)$，如果$Dep_i=(A,B)G$，则将其入侵Dubiety设置为0，或将其入侵Dubiety设置为1。

③在R中找到长度为W的路径。将路径设为$(Dep_1,\cdots,Dep_W)$，其中Dep_i中的子节点也是Dep_{i+1}中的父节点。如下计算路径决定值P：

$$P=\frac{\sum_{i=1}^{W}\text{Dubiety of } Dep_i}{W} \tag{5-1}$$

④将决策阈值设置为T。如果$P>T$，则将程序行为判定为异常，否则，将其视为正常行为。

每次路径决策值低于阈值时，都会发出警告并输出警告报告。警告将重新报告，并迅速显示出发出警报的依赖关系。这些依赖关系可以明确显示系统漏洞或入侵源，或帮助评估入侵。例如，包含异常依赖关系的警告报告（例如，vsftpd 和 sh 之间的直接关系）指出系统漏洞（也就是必须利用 vsftpd）。另一个重要的观察结果是，虽然管理员利用了足够的知识来判断，但规则数据库中未发生的关系仍然发出警报，因此可以视为正常。例如，即使规则数据库中不存在“sh→vi”并发出警报，管理员也可以轻松地将其分类为正常。这表明警告报告可以进一步降低误报率。此外，多个警告报告中可能发生相同的关系。这种现象（即信号强度）可能表明这种关系高度可疑，并且可能包含重要的入侵线索。

一旦在这些溯源信息中发现了入侵事件，管理员将采取适当的措施，例如自动断开连接、提高安全级别等。另外，由于路径长度和阈值可以选择，所以有可能在检测阶段未输出所有取证信息。例如，蠕虫进程可能感染系统中的大量文件，如果判断包含蠕虫进程与受感染文件之间关系的路径的决策值小于阈值，则警告报告可能不会输出这些文件。在这种情况下，管理员将在必要时利用警告报告提供的检测点（例如可疑进程或套接字）进行进一步的取证分析。即使对于警告报告中存在的任何文件，管理员也可以立即在本地计算机中对其进行检查，如果发现文件已损坏，则可以将它们用作检测点。

（3）分析器。从警告报告中获取检测点并从数据库中获取物源信息后，分析器可以构建溯源图，该图可用于查找所有线索，甚至是系统发生问题的直接原因。

分析器架构如图5-13所示。分析器可以进行向前和向后搜索，以了解入侵者如何进入系统以及如何利用索引数据库（例如 ParentDB 和 ChildDB）所做的事情。例如，如果检测点是被篡改的文件，则分析器可以将检测点作为起点，通过在 ParentDB 中进行查询来进行向后搜索。查询结果可能包括入侵源或表明被利用的应用程序或进程的系统漏洞。如果检测点本身是入侵源（例如，外部 ip 地址），则可以利用此检测点进行正向搜索，以查找被入侵源破坏或窃取的所有文件。确定入侵细节后，管理员可以相应地更新系统的安全级别并重建损坏的数据。

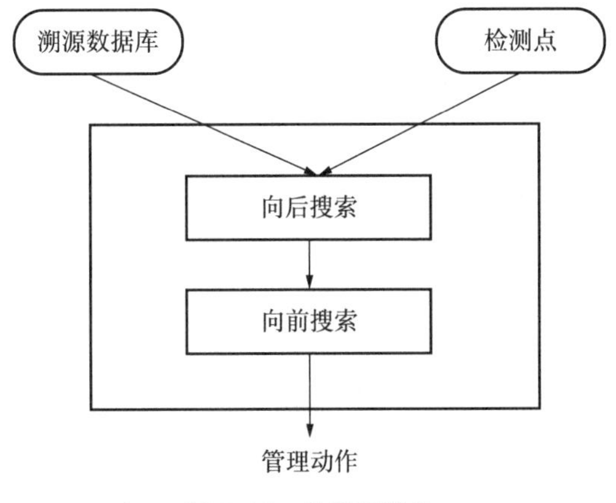

图5-13 分析器架构

2. Pagoda:一种实现大数据环境中基于溯源的高效实时入侵检测的混合方法

在大数据环境中,有效的入侵检测和安全分析给当今的用户带来了挑战。入侵行为可以通过记录入侵进程和受感染文件之间的依赖关系的溯源图来描述。在单一溯源路径或整个溯源图中对异常进行分析和识别的入侵检测方法,在检测精度和检测时间上都没有好处。Pagoda提出了一种混合的方法,即同时考虑了单一溯源路径和整个溯源图的异常程度。如果在一条路径上发现了严重的危害,则可以快速识别入侵,并通过考虑整个溯源图中的行为表示来进一步提高检测率。Pagoda使用一个持久的内存数据库存储源来存储溯源信息,并将多个相似的项聚合到一个溯源记录中,以最大限度地减少检测分析期间不必要的I/O信息。此外,Pagoda还对规则数据库中的重复项进行编码,并过滤不包含入侵信息的噪声。

1) 总体框架

Pagoda框架如图5-14所示。Pagoda框架由六个模块组成,即溯源收集、溯源修剪、溯源存储和维护、规则构建与数据去重、入侵检测和取证分析。溯源收集模块负责监视入侵/正常应用程序的行为,拦截由它们调用的系统调用,并将这些系统调用转换为基于因果关系的溯源记录。溯源修剪模块过滤掉与入侵检测无关的源记录,以提高检测精度,同时节省存储空间。溯源存储和维护模块使用key-value数据库(例如Redis)来存储规则数据库,并运行基于溯源的入侵检测算法来进行实时检测。规则构建与数据去重模块用于构建入侵检测的规则集,并删除重复的字符串,以使规则数据库尽可能小。入侵检测模块根据规则集来判断入侵是否已经发生,并根据检测结果对规则集进行更新。取证分析模块通过进行正向和反向查询来查找系统漏洞和入侵源信息。

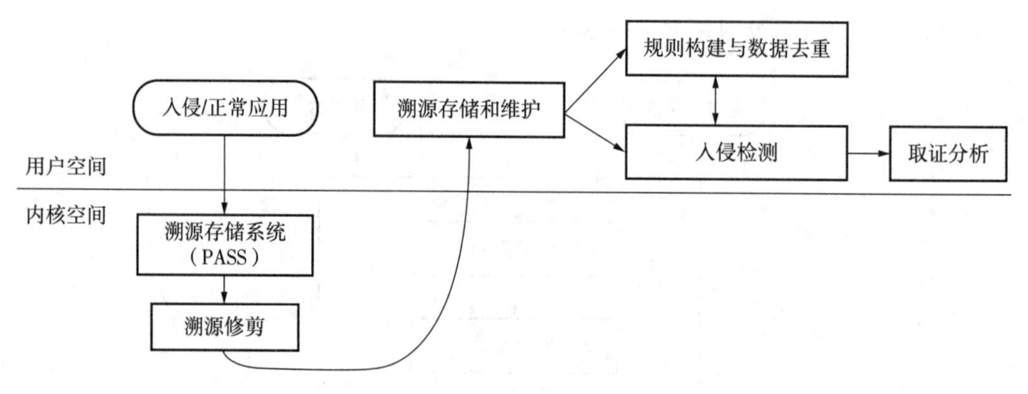

图5-14 Pagoda框架

2）溯源收集与修剪

Pagoda利用PASS来收集入侵/正常应用程序的溯源信息，它还可以使用其他溯源跟踪框架（例如，SPADE、LinFS），这些框架可以拦截系统扫描并生成文件级溯源记录。Pagoda从两个方面修剪了复杂的溯源记录：首先，与PIDAS类似，Pagoda不保存只驻留在磁盘上的物体的溯源。通常，这些对象包括在程序执行期间发生的临时文件或管道。它们只是在不同的实体（例如，文件或进程）之间连接信息转换，但不太可能存储入侵信息。其次，为了进一步节省存储空间，提高检测效率，Pagoda不收集整个系统的溯源，而只选择用于检测入侵的关键数据。例如，PASS和PIDAS都收集各种溯源项，例如，对象的属性有NAME、TYPE、ENV（即环境变量）、ARGV（即进程的参数输入）、PID、执行时间；对象之间的依赖关系有INPUT、GENERATEDBY、FORK、RECV、SEND。但对于Pagoda来说，探测入侵只需要物体的名称和它们之间的依赖关系，不需要保存对象的类型、系统的环境变量或任何其他信息。为此，Pagoda在框架中添加了一个滤波器（即溯源剪枝组件），以消除噪声数据，使检测更有效。

3）溯源存储和维护

PASS将溯源存储在磁盘上的日志文件或BerkeleyDB数据库中。这将导致大量的磁盘输入/输出操作，从而减缓溯源查询和入侵检测过程。因此，Pagoda将规则数据库存储在一个广泛使用的内存键值数据库Redis中。因此，规则数据库中的任何更新都将只在内存中。Pagoda使用了一系列的Redis数据库存储收集到的溯源数据，如表5-6所示。pnode编号唯一标识一个节点。NameDB构建从节点的pnode编号到其名称的映射。RuleDB存储节点名称与其父节点名称之间的频繁存在的依赖性关系。此外，ParentDB和ChildDB这两个数据库分别起到了索引的作用，它们用于存储每个节点的pnode编号与其父节点或子节点之间的连接关系，从而有效地维护了系统内对象层级结构及其相互间的依赖性。在Redis中将多个溯源依赖关系存储到一个记录项中，以进一步缩短溯源图查询的时间。在描述入侵行为的溯源图中，存在许多从相同节点开始的边。例如，一个入侵进程可以访问许多文件，并将形成从这个进程到每个文件的许多边。传统的键值数据库（例如BerkeleyDB）将每条边作为键值项存储在数据库中。在图形查询过程中，找到所有这些项需要很长时间。Pagoda将这些类型的依赖关系存储到Redis的一个记录项中，其中的key是进程，value是文件的集合。这将提高检测性能，并同时减少规则数据库中的记录项的数量。由于溯源是在Redis中存储，所以它不会在掉电时消失。内存中的溯源可以定期被批处理加载到磁盘上的日志中，这进一步加强了溯源的可靠性。

表5-6 溯源数据库

Database	Key	Value
NameDB	Pnode number	Pnode name
ChildDB	Parent pnode	Child pnodes
ParentDB	Child pnode	Parent pnodes
RuleDB	Child name	Parent name

4）规则构建与数据去重

在Pagoda中建立规则数据库类似于PIDAS，即系统获取正常用户行为的溯源信息，并提取依赖关系，创建规则数据库，步骤如下：

(1) 准确地跟踪和获取程序正常行为的溯源信息。对于每次运行，程序行为可以描述为一个溯源图，它由一系列依赖关系组成，将其表示为Dep_1、Dep_2、……、Dep_n。Dep_i表示两个对象之间的有向关系。典型的对象包括文件、进程和套接字。如果对象A依赖于另一个对象B，则将其表示为$Dep_i=(A,B)$，其中A是子对象，B是父对象。

(2) 设置一个阈值t_1，并计算Dep_i在程序运行的M次中出现的次数。如果是$N_i>T_1$，则可以将相应的Dep_i的一个副本放入规则数据库G，即$G=\{Dep_i|N_i>T_1\}$中。使用绝对路径来描述规则数据库中对象的名称，绝对路径可以提供查找文件的精确位置，特别是当我们需要删除恶意文件时。然而，这也可以带来许多重复的信息。第一种情况是，一些字符串是完全相同的。通常，如果我们将“A→B”和“B→C”都放在规则数据库中，那么B需要存储两次。当B是一个长字符串时，它需要很大的空间来存储许多字符串，比如B。第二种情况是，大量的字符串只有几个差异。相似字符串的大多数不同部分都出现在路径的末尾。这是因为入侵者很可能会访问同一个文件夹中的不同文件。这种情况下，入侵过程可能依赖于来自同一个文件夹的这些文件。这些文件的名称有一个公共的前缀。可以使用字典编码来压缩这些重复的字符串，它们将被编码为整数。

5）入侵检测

PIDAS通过判断一个路径的固定长度（即L）是否异常来检测入侵。但是，如果L远小于路径的实际长度，那么有限的长度就不能实际反映沿完整路径的整个入侵行为。因此，它不能被描述为溯源图的入侵行为。我们可以提出PIDAS-Graph，即一种考虑整个溯源图的方法来提高检测精度。与PIDAS类似，PIDAS-Graph还会过滤不太可能包含入侵信息的溯源数据（如临时文件或管道），然后将修剪后的溯源数据存储到BerkeleyDB数据库中。PIDAS-Graph的算法如下：

(1) 基于PIDAS中的算法计算每个完整路径的异常度（即路径决策值）。

(2) 由于每个来自溯源路径的异常度对整个溯源图的异常度有不同的影响，因此可根据路径的长度为每个溯源路径分配一个权值W。假设溯源图中每个路径的异常度为P_1、P_2、……、P_n，这些路径的长度为L_1、L_2、……、L_n，对应的$W_i(1\leqslant i\leqslant n)$计算为：$W_i=L_i/(L_1+L_2+\cdots+L_n)$，整个溯源图的异常度Q计算如下：$Q = P_1\times W_1 + P_2\times W_2+\cdots+P_n\times W_n=(P_1\times L_1+P_2\times L_2+\cdots+P_n\times L_n)/(L_1+L_2+\cdots+L_n)$。

(3) 将图的阈值设置为T。如果是$Q > T$，那么形成这个溯源图的行为将被判定为入侵。

该算法首先根据该路径上每条边的异常度计算每条路径的异常度，然后针对每一条路径通过将其长度与对应的异常度相乘得到一个权重值，随后将所有路径的权重值累加，并将这个总和除以所有路径长度之和，以此计算出整个溯源图的整体异常度。当异常度大于预定义的阈值时，即可判断系统已受到攻击。Pagoda通过考虑路径和图的异常度来检测入侵，背后的基本思想是实时、准确地识别大量数据中的入侵。其基本方法是首先通过分析和定位具有高异常度的路径来快速检测入侵。然后根据其长度和异常度来计算出整个溯源图的异常度。如有必要，可进一步提高检测精度。

6) 取证分析

在在线判断入侵之后，管理员可以进一步进行取证分析，以确定在一个系统上发生了什么。管理员可以使用传统的工具，如Tripwire来查找一个检测点(例如，一个损坏的文件或一个可疑的过程)，然后将这个检测点作为关键字在内存数据库中进行查询，以进行取证分析。当该路径的异常度超过预定义的阈值时，也可以通过分析溯源路径中的异常边来获得检测点。取证分析主要包括后向查询和前向查询两个步骤。后向查询用于查询系统的漏洞和入侵的溯源。前向查询用于查询攻击者的所有入侵行为。后向查询与前向查询的集成可以构建完整入侵过程的溯源图。由于溯源数据位于内存中，对溯源进行查询是高效的。在确定了系统漏洞或入侵源后，管理员可以在系统软件上对该缺陷进行修补或提高系统的安全级别。

3. P-Gaussian：基于溯源的高斯分布与高效实时内存数据库来检测入侵行为变体

P-Gaussian是一种基于溯源的高斯分布方案，它消除了序列长度或顺序变化对检测精度的影响。利用溯源来描述和识别入侵行为变种，消除序列顺序转换对检测准确度的影响，同时采用高斯分布原理精确计算入侵行为与其变种之间的相似度，消除了入侵行为序列长度增加对检测精度的影响。为了提高检测性能，P-Gaussian使用了一个具有多个Redis实例和多个线程的Redis内存数据库，以实现多核环境中溯源处理的并行性。它还对冷、热溯源进行了分类，以提供高效、长期的取证分析。

1) 系统设计与实现

P-Gaussian的原型系统如图5-15所示。它首先截取系统调用信息并生成溯源记录,这些记录可以被剪除存储在内存数据库中。P-Gaussian提出了一系列的优化方法,如多线程值聚合来加速对内存数据库的访问。通过从溯源记录中提取所有未重复的溯源序列,在内存数据库中建立规则数据库。然后,可以使用上述相似性检测算法来执行入侵检测过程。P-Gaussian还可以通过发起后向查询和前向查询来进行取证分析,找出系统漏洞和入侵源。此外,当溯源大小较大时,将热溯源和冷溯源分类并分别存储在内存数据库和磁盘中,可以优化取证分析。

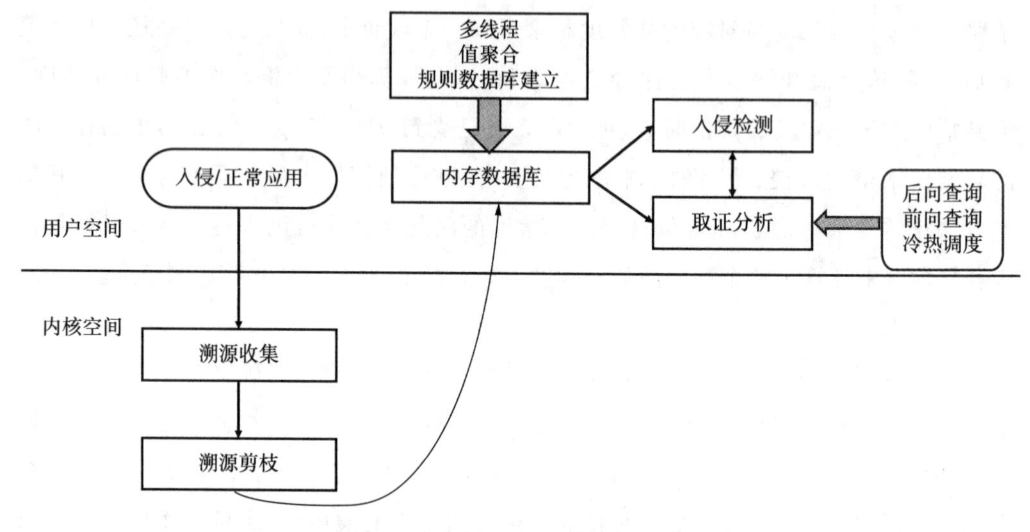

图5-15 P-Gaussian的原型系统

2) 溯源收集与优化

P-Gaussian使用现有的PASS框架收集溯源。通过删除循环和重复记录,过滤无关文件,再写入日志文件,进一步优化溯源信息。然后将溯源日志批量加载到数据库中进行高效查询。使用一系列内存数据库(如Redis)来存储优化的溯源,以加快查询速度。为了进一步优化溯源的存储和查询,将具有相同关键字和不同值的溯源记录聚类来组合成一个溯源记录。

3) 入侵检测

训练阶段:使用训练集通过寻找关键的溯源证据来描述程序的行为。为了实现训练集的完整性,多次运行每个程序,通常情况下,P-Gaussian使用绝对路径来描述文件名,以帮助准确定位损坏的文件。

检测阶段:对于输入的溯源图中的每个溯源路径,入侵检测算法在规则库中找到与之有最大公共长度的溯源路径,然后使用基于溯源的高斯分布方案计算相似度值。由于入侵行为被描述为一个溯源图,根据所有溯源路径的相似度值和这些溯源路径的权重(即路径长度),计算溯源图与规则库之间的相似度。当相似度超过阈值T时,判断入侵已经发生。

使用多个Redis实例和多个线程进行检测。在Redis内存数据库中,入侵检测可以是非常有效的。P-Gaussian采取了两项措施来加快这一系统的速度。第一项,采用多个Redis实例来处理入侵源数据,每个Redis实例由一个主机端口表示,负责处理一部分数据。第二项,使用多线程程序处理多核案例中的大量溯源流。每个线程都绑定到一个Redis实例端口。

热/冷数据分离的取证分析。由于Redis占用了大量的内存资源,所以不能超过物理内存。当溯源数据大小超过Redis容量时,部分溯源数据必须加载到磁盘上。P-Gaussian对冷、热溯源数据进行分类,以提高取证分析效率。

4) 取证分析

当路径的相似性超过预定阈值时,该检测方法还通过在异常溯源路径中提供检测点(通常是可疑文件或进程)来实施取证分析。取证分析通常包括两个方面:后向查询和前向查询。后向查询的目的是找出入侵源或系统漏洞。

5) 总结

入侵行为变体的检测一直是一个巨大的挑战。我们提出了一种新的基于溯源的高斯分布方案P-Gaussian来精确描述和识别当序列长度增加或序列顺序变换时的入侵行为变体。我们进一步开发了一个原型系统,利用多个Redis实例和多核环境下的多线程技术实现了大溯源数据流的高效实时检测。我们还对热溯源数据和冷溯源数据进行了分类,以加速取证分析,同时减少了溯源数据的存储开销。

5.4 基于溯源的数据监控与数据重建

5.4.1 基于溯源的数据监控

1. 背景

传统的数据监控方法主要通过系统或磁盘日志,或者对网络数据包进行分析。然而,这些方法只能监控到单一的事件,比如某时刻某个外界的IP访问或者某个文件的读/写活动,却很难将多个事件联系起来,这导致一系列重要的问题很难解决,比如入侵进程在系统内部的具体活动是怎么样的、系统漏洞在哪、系统有哪些数据流失以及流失到哪里去了,等等。另外,这些方法需要对大量日志或数据包进行分析,却没有相应的高效查询方法来作为支撑,因此效率很低。

溯源信息是一种元数据，它描述了数据的历史信息，比如数据是从哪里产生的，以及是如何产生的等。由于这个特性，所以溯源信息的应用范围非常广泛，包括记录实验、调试系统、优化搜索、重建等。不仅如此，溯源信息在安全方面也十分有用。在系统遭受入侵后，系统管理员需要执行一套恢复操作来确保系统的安全与稳定性。首先也是关键步骤，要确定攻击者是如何成功侵入系统的，这涉及对入侵路径的细致追踪。其次，系统管理员必须识别并列出受到破坏的具体系统组件或数据。接着，系统管理员应当修补导致入侵发生的系统漏洞，并将被篡改或损坏的部分系统组件或数据恢复到原始状态。为了精确还原整个入侵过程，检测点的选择至关重要，它可能是异常文件变动（如删除、修改）、可疑进程启动或其他非正常系统活动。然而，大多数入侵检测工具存在一个普遍问题，即它们可能难以区分合法用户行为与恶意入侵行为，从而使得日志记录中混杂了各种事件信息。即使日志中包含了足够的数据用于分析入侵行为，但通常仍需人工深入分析才能理清事件脉络。而具备溯源能力的信息系统，则可以通过构建和解析溯源图谱，直观地展示出从初始入侵点到最终影响的所有关联事件链路。这样，系统管理员就能针对这些事件链路上的每个节点进行逐一排查和深度分析，大大提升了找出系统漏洞和理解入侵全貌的效率。

2. 用于数据监控的溯源的定义

尽管溯源有各种定义，但一个广泛的共识是溯源代表了一个对象（例如文件或进程）的祖先。然而，祖先的定义在具体系统中有其特定的描述。例如，Hasan等人将溯源定义为对一个特定文档在其生命周期所采取的行为，并且在文档被写后收集溯源。每个文档有一个相关的溯源链，一个溯源链包含了很多溯源记录，每条溯源记录在文档被每次访问时所创建。溯源记录包含了访问该文档的用户身份信息，即对文档修改的一个总结、文档新版本的一个hash密钥、一个完整性校验和、用户公钥等。这种类型的溯源可称为基于内容的溯源，因为它记录了在一个文档上所采取的行为以及描述那些行为的信息（例如谁进行了这种改变）。溯源存储系统PASS定义一个对象的溯源为影响对象最终状态的进程和数据。溯源以无向循环图表示，在此图中，节点是包含属性的对象，边表示对象之间的关系。

本节采用PASS系统定义的溯源，因为它提供了一个中心化的存储系统，并且基于内容的溯源可被兼容在PASS中。目前，PASS主要记录了三类对象的溯源，即文件、管道和进程。对于每个对象，系统分配唯一的pnode号用来标记其身份，同时，还分配一个版本号用来区分不同时刻的状态，以避免有向图中循环的发生。PASS系统虽然支持通过网络文件系统进行数据溯源的收集工作，但它并不涉及本地机器上socket信息的抓取与记录。这些网络socket并不代表某一片特定的数据，而是一定时间内从存储系统流出的数据,以及这些数据流所到达的目的地。将这些网络socket标记为网络连接对象。表5-7是网络连接对象的一个例子。

表5-7 网络连接对象的一个例子

属性	值
源端口	85
目的端口	20
目的地IP	192.168.137.1
用户id	ROOT
连接创建的时间	18:00

在扩充网络连接对象后,在基于溯源的系统中,主要捕获如下一些事件。其中用A→B来表示A依赖于B。

1) 进程之间的依赖关系

该类事件表达了进程之间的相互直接作用与影响。比如,一个父进程创建一个子进程,两个进程之间共享内存等。例如,入侵者通过sshd进程登录计算机系统,然后fork一个shell文本命令行进程,再fork一个执行入侵攻击的进程。

如果进程A创建了进程B,则进程B依赖于进程A,存在依赖关系B→A,因为进程A对B进行了初始化,并且B从A继承了相同的地址空间。

2) 进程和文件之间的依赖关系

该类事件表达了进程对文件的读/写,或者和文件之间的相互影响。例如,入侵者篡改了计算机系统上的某个重要文件,那么被篡改后的文件内容实际上就依赖于这个入侵进程。

假定进程P对文件A进行读/写,系统调用write和writev会创建"A→P"这样的依赖关系,而read和readv会创建"P→A"这样的依赖关系。而系统调用mmap则可以将一个文件映射到进程的地址空间,这同样表达了文件依赖于该进程。

3) 进程和网络连接对象的依赖关系

为方便管理,Linux系统会对每个socket赋予一个文件描述符,这样使得通过socket套接字从网络中读取/发送数据和读/写一个文件是类似的。因此,表达socket的网络连接对象和相关的读/写进程之间的依赖关系与文件和进程之间的依赖关系也是类似的。假定B为网络连接对象,P为与B相关的读/写进程,socket中的系统调用send创建"B→P"这样的依赖关系,而receive则创建"P→B"这样的依赖关系。

图5-16所示为包含有网络连接对象的溯源图。在该图中,一个进程读取多个文件

的内容，然后写到新创建的一个本地文件。然后服务器进程读取该本地文件，并通过send调用发送给网络。该send过程类似于本地的write过程，而send发送的网络连接对象则显示了文件数据所要发送的目的地、发送时间等。可以看到，该溯源图完整而清晰地记录了send进程之前读取的文件、该send进程以及send发送的网络连接对象之间的依赖关系，并指出了哪些文件被访问过、谁访问的、什么时间访问的，以及文件被拷贝到哪里了。

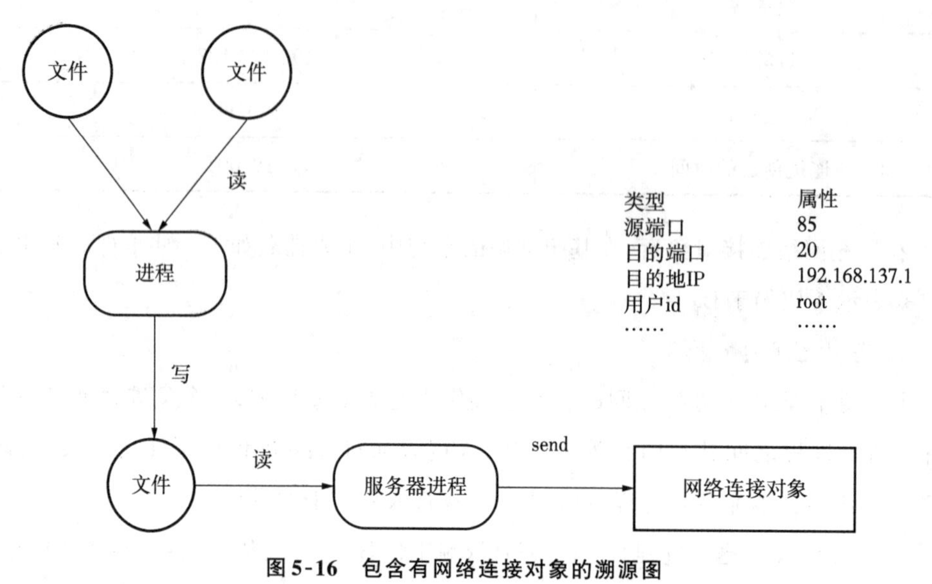

图5-16 包含有网络连接对象的溯源图

3. 网络连接对象的使用及查询

一旦网络连接指向的入侵源被标识，对于管理员来说，就需要做两件事：一件事是决定其他可能已被泄露的数据，另外一件事是找到可能的其他的入侵源。使用基于溯源的入侵查询分析系统，可以搜索到所有被入侵源访问到的文件，这在一定程度上标识了所有可能泄露的其他的信息。同时，如果在这个入侵源之前有另外一个网络连接也接触了该文件，则该网络连接也有可能是入侵源。如果一些网络连接频繁地访问某个文件，那么这些网络连接需要被重点关注。

如果泄露的数据包含了某些敏感信息，比如医疗或信用卡记录等。这种情况下需要找出该泄露数据所影响的特定的人群。该问题被描述为标识医疗或信用卡记录的溯源，即用于创建这些记录的所有信息，比如谁创建的、什么时间创建的，等等。该过程实际上是生成一个溯源图的递归过程。

比如，对于文件被盗取或泄露的情况，需要将已泄露的文件作为线索来查询网络连接对象，从而找到该文件被泄露的细节，比如时间、目的地、用户ID等。具体来说，要在溯源图中搜索与该文件有直接或间接因果依赖关系的网络连接对象，从而定位泄露数据的具体流向。实际上,该查找过程遍历的是该泄露文件的子节点,直到在子节点中找到网络连接对象。当然,这些网络连接对象中有些是正常访问用户文件的,但是泄露文件的发生必定是由某个非正常用户产生的网络连接对象导致的。

在构建溯源图对造成数据泄露的攻击来源进行分析后,将以非法网络连接(即攻击来源)作为线索进行逆向排查,以找到所有该网络连接所非法窃取的用户文件。

在系统重要数据遭到泄露公开后,这些公开的数据可能只是全部被泄露文件的一部分,此时可以通过已公开数据来对未公开的文件进行推断,并采取补救措施来避免遭到更大的损失。例如,服务器上的用户账号和密码,可能只被犯罪分子公开了一部分,此时可根据这些用户账户和密码所在的文件查找到对其访问的网络连接对象,然后再通过网络连接对象找到其窃取的其他包含有用户账户数据的文件,在犯罪分子公开这部分用户账户之前,管理员注销相关账户,或者通知相关用户修改密码,这样就避免了更进一步的损失。

4. 对网络连接对象的管理

对溯源的管理面临的一个主要问题是溯源信息量巨大,尤其是当本地溯源存储系统和网络交互频繁时。解决这个问题的一个方法是指定某些重要的网络连接,并且仅只对这些网络连接记录溯源。另一个方法是对溯源进行修剪,比如每隔一段时间对存储的溯源进行删减。或者当一个网络连接的新版本创建时,删掉其旧版本。如果溯源修剪的目的还未达到,那么溯源图压缩技术还能进一步用于删除冗余信息。

另外一个问题是对溯源的安全保护。在系统设计中,假定系统崩溃或者入侵发生时所收集的溯源信息并没有被损坏。系统在两个方面对这一假定进行佐证。首先,系统在将一个对象写入磁盘时,先将系统的溯源信息写入磁盘。这保证了在系统崩溃或者入侵发生时没有数据需要忍受溯源的丢失。其次,PASS溯源收集系统是内核态的,已经有证据表明内核漏洞仅仅占据了所有漏洞的一小部分。收集器能够通过雇佣受信任的平台或比较成熟的安全策略来防止未检测的溯源重写。

5. 总结

如何应对敏感数据泄露一直都是信息安全领域研究的一个重要课题。在敏感数据泄露发生后,数据拥有者不仅需要确定泄露的范围,还需要确定是谁泄露了信息,以使泄露所造成的影响降到最低。传统的方法是通过监控系统日志或者网络数据包流量,然而,这些方法很难对泄露数据从系统内部到外部网络之间的路径进行精确监控,且需要对大量数据进行分析处理,因此,这些方法比较复杂、低效。

本节介绍通过扩展数据溯源的定义来帮助决定信息泄露的源和目的地的方法,不仅跟踪数据从何而来,而且跟踪数据在何时流失去了哪里。通过使用网络连接对象来表示流失数据的过程(例如,一个文件被拷贝到外部挂载设备或通过NFS(网络文件系统)拷贝到其他客户端机器),并收集该网络连接对象和文件或进程之间的依赖性关系,可以精确地跟踪数据去向。

5.4.2 基于溯源的数据重建

1. 引言

以往,存储可靠性解决方案主要包括日志文件、快照、备份或ECC。这些技术更注重整个硬盘或系统的可靠性,而不是单独的数据对象。使用上述技术,通过恢复整个系统来重建文件,其成效并不高。本节将介绍使用溯源、对象的历史来重建受损或丢失的文件。基于溯源技术的重建方法,通过追溯文件生成的完整历程,精确地还原丢失或损坏的文件内容。

相比传统的存储可靠性解决方案,目前已经有一些工作指出使用溯源重建丢失/受损文件的优势,如相应重建和并行重建。此外,他们建议建立一个框架,以云为基础提供丰富的动态资源来重新生成数据,并对构建这样一个框架所需考虑的问题进行了分析。在介绍基于溯源的数据重建之前,读者先思考以下几个问题:

(1) 我们如何找到合适的用于重建的溯源?

(2) 哪些因素会影响溯源重建的性能?

(3) 溯源重建的性能能否优于传统的可靠性解决方案?

2. 溯源重建框架

本节介绍溯源重建的设计、实施和评价框架。该框架可以准确地调用重建程序、检索丢失文件的溯源、分析可能会影响到重建的情形,并在用户空间系统中执行重建程序。图5-17所示为基于溯源的数据重建(PR)框架。该框架由五个模块组成:溯源收集、溯源查询、因子分析、重建执行和恢复过程。溯源收集会读/写命令,然后记录到磁盘。溯源查询负责从磁盘上的溯源数据库查询丢失的文件。通常,一个文件的溯源包含生成的过程,以及在执行期间所需输入的参数。因子分析是负责分析可能的情况下数据重建可能影响正常的文件。重建执行计划使用查询的输入参数作为输入来查询要执行的相应进程,以生成丢失的文件。最后,恢复过程是使受影响的文件恢复到正常状态。

1) 溯源收集

数据重建得收集必要的溯源信息,例如,为了精确重现进程执行,必须完整收集其运行环境的所有相关数据。这通常包括但不限于:进程启动时的输入参数、所使用的环境变量以及进程名称或标识符等关键信息。对于需要重新处理的文件,也需要收集其核心属性,一般涉及文件名和节点号(例如inode号)等内容。这些详细信息在确保进程能够按照原始状态重新执行的过程中起到了至关重要的作用。此外，要收集文件和处理它与进程之间的关系。例如，“进程P读取文件A”将收集溯源记录P→A表明P依赖于A。

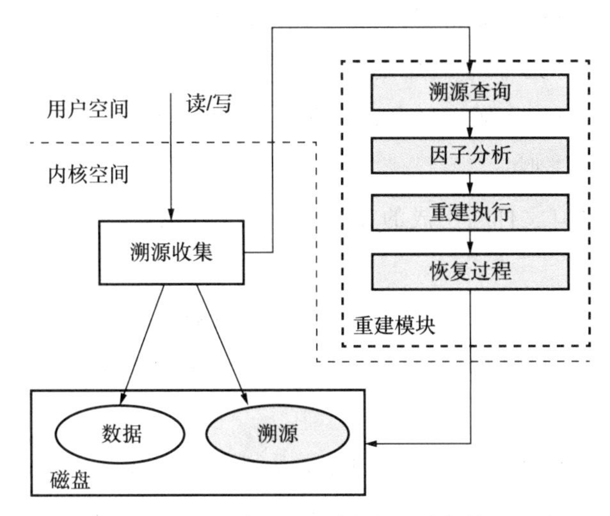

图5-17 基于溯源的数据重建架构

此外，在某些情况下我们要记录偏移量和写入文件里的详细字节。例如，如果用户在一个文本文件中输入一些字符，那么，一旦这个文件丢失或损坏，能否成功重建此文本只基于我们是否记录了写在文件里的内容。一般来说，如果创建一个文件只依赖于外部输入或网络上的信息，那么我们要将收集写入文件里的偏移量和字节数作为溯源信息。

需要注意的是，收集到的溯源数据应该写入磁盘，否则，存储在磁盘上的数据可能在系统崩溃时没有溯源。

2) 溯源查询

重建的高性能取决于溯源查询的高效性。一个简单的例子是，我们将收集的溯源存储在BerkeleyDB数据库里；用于描述进程或文件基本身份信息的，如环境变量或文件的名称，我们将它们存储在identityDB数据库里；用于描述进程和文件之间关系的信息存储在ancestorDB数据库里；我们给每个进程或文件分配的唯一编号，称为pnode号。为了达到更高效查询的目的，我们建立了一些索引，如NameDB，用于存储文件或进程的名称与其pnode号之间的关系。如果进程P读取文件A，然后将信息写入文件B，文件B的溯源查询通常如下。

(1) 查询namedb找到文件B的pnode号，使用文件B的文件名作为关键字。

(2) 查询ancestorDB找到进程P，B依赖于P，使用文件B的pnode号作为关键字。

(3) 查询identityDB找到进程P的身份信息，如输入参数和环境变量等。

（4）查询ancestorDB找到文件A，进程P依赖文件A。

（5）执行进程P来生成文件B。

3）因子分析

重建执行，虽然可以在获得溯源（即生成溯源的进程和输入参数）后重建文件，但这可能影响其他正常的文件。通常情况下，在重建过程中一次生成多个文件，但只有一个丢失的文件需要重建，那么生成的其他文件则是多余的。重建期间生成的多余文件可以分为以下三种类型。

（1）重建前的现有文件与生成的文件是完全一样的，因此生成的文件会自动覆盖现有的文件。

（2）重建前不存在的文件，因此生成的文件应该被删除。

（3）重建前的现有文件有更高版本，所以更高版本的现有文件在重建前应重命名，重建后覆盖生成的文件。

如图5-18所示，在实验流程中，进程P首先生成了文件A、B和C。随后，文件B和C经历变动并通过进程P1和P2分别转化为新版本的B1（即文件B的版本1）和C1（即文件C的版本1）。当原始文件A丢失并需要通过运行进程P来重建时，重建过程中也会重新生成文件B和C。由于新生成的文件B与现有文件B1以及文件C与C1名称相同，在这种情况下，新生成的B和C会自动覆盖已存在的B1和C1版本。然而，若在进行重建操作之前，B1和C1已经有非零版本号，那么我们需要特别注意：应当记录下这两个文件的当前版本信息，并在重建过程中对新生成的B和C文件进行重命名，以避免覆盖原有带版本信息的重要文件。

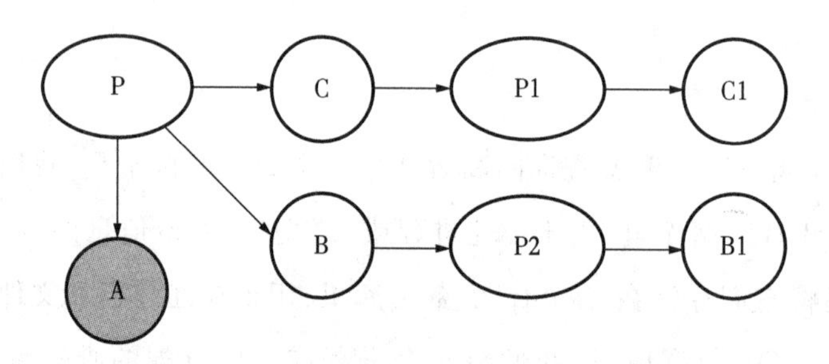

图5-18 有关文件在重建中受影响的示例

4）重建执行

如上文所述，基本的溯源重建方案在生成文件时首先是寻找溯源链里的祖先。在大多数情况下，祖先已在磁盘上。然而，如果某个祖先不存在（也可能失去了），则必须重新生成祖先。例如，如果进程P读取文件A和写入文件B（即B→P→A），在重新生成B时，发现A不存在，那么必须先重新生成A（例如，使用进程P1），然后使用P

再重新生成B。

然而,重建序列(先P1,后P)并不总是正确的。有时,每个进程不能单独执行,而应与另一个进程交互完成重建任务。例如,我们使用gcc来编译一个名为Hello.c文件。这一过程的溯源图如图5-19所示。在实验中,我们通过溯源图可以发现tmp文件将作为P(gcc)的依赖项。然而,在磁盘上并未找到该tmp文件。因此,我们尝试运行P1(ccl)来生成tmp文件。尽管如此,由于tmp文件属临时性质,即使运行了P1,它仍未能在磁盘上找到。考虑到P1与P(gcc)之间的依赖关系,对于这种情况,无需单独运行P1重建tmp文件,只需直接执行进程P(即gcc),因为在执行过程中,gcc会自动调用并依靠P1(ccl)来生成所需的tmp文件并将其作为输入数据。这样,在需要时tmp文件会被创建并立即使用,而不会在磁盘上持久存储。

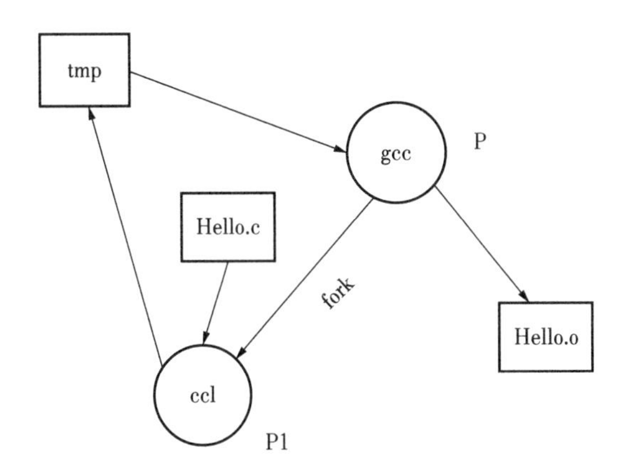

图5-19 重建中进程相互作用的示例

5)恢复过程

在重建阶段,我们执行了文件清理操作,移除了不必要的文件,并对部分文件进行了版本恢复,以确保使用的是较高版本的内容。比如,在图5-18中,我们应该删除文件B、C,并将与文件B、C具有相同名称的B1、C1重命名。

第6章

存储安全与新兴技术

6.1 区块链存储安全

区块链作为一种现代数字分类账技术,不仅用于记录货币交易,还用于记录各种有价值的信息。其根本理念最早由中本聪在2008年的论文《比特币:一种点对点的电子现金系统》中详细阐述。该论文深入探讨了基于P2P网络、加密技术、时间戳技术和区块链构建的电子现金系统的设计原理,为比特币的发展奠定了基础。在理论提出仅两个月后,区块链技术的实践应用得以实现。具体来说,2009年1月3日诞生了创世区块,这一事件标志着区块链技术的正式诞生。

区块链主要用于追踪和记录虚拟货币的交易历程。与传统的中心化记账方式相比,分布式的区块链具有更高的安全性、准确性、效率和透明度。作为一种P2P的去中心化存储方式,区块链无须担心金融机构的数据库被黑客攻击、机房受到自然灾害影响或政治变革等问题。因此,区块链技术被视为对传统金融机构的一种革新。

在区块链系统中,每个区块都承载着特定的信息,这些区块按照它们生成的时间顺序形成一个不断延伸的链条。与传统数据库不同,区块链的数据库并非存储在一个中央位置,而是分布在网络的各个节点上,这使得记录对所有参与者都是开放的,并且其正确性是可靠保证的。这种去中心化的特性使得黑客难以利用,从而有效地解决了数据篡改的问题,还能追溯记录任何试图侵入或修改数据的行为,进一步增强了存储的安全性。

6.1.1 区块链存储的优势

1. 数据保护

区块链的特殊存储机制为存储安全提供了保障。

如图6-1所示,区块链采用了去中心化的架构。在传统的集中式结构中,实体之间的互动通常需要一个特定的"中心节点"参与。例如,我们熟知的淘宝购物就是一个中心化应用。一般的购物流程如下:买家付款、淘宝收款、通知商家发货、买家确认收货、淘宝将支付款项给商家。在这一过程中,淘宝平台充当买卖双方的第三方平台,成为交易的中心。这种集中式结构的设计使得在交易过程中形成了共同的信任基础。然而,这种集中式结构存在很多缺陷。首先,集中式结构的鲁棒性不足,整个系统对中心节点的依赖性过强。一旦中心节点出现故障,整个系统就将陷入瘫痪。其次,集中式结构中的交易信息都储存在中心节点里,由中心节点的管理者免费使用,而贡献数据的个体无法从中获益。此外,这些信息往往涉及隐私,如果管理不善,则可能导致严重的隐私泄露问题。

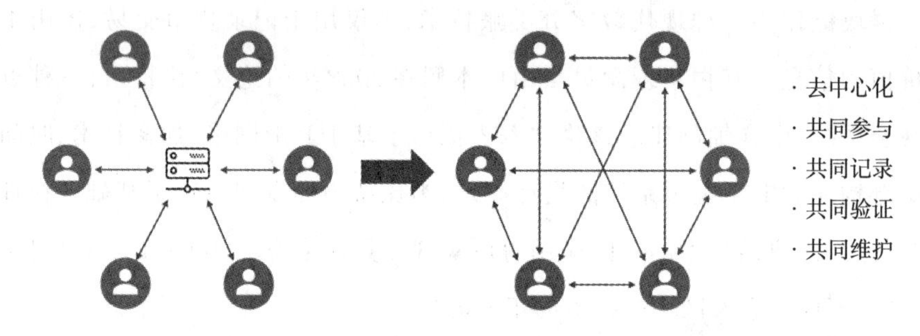

图6-1 集中式与去中心化

与集中式结构相比,去中心化结构为系统带来了更高的鲁棒性。去中心化结构不太可能因为某个局部问题而中断运行,因为它依赖于众多独立运作的节点。此外,在去中心化结构中,每个节点都是独立并行运行的,数据记录不可篡改,这使得各类数据变得更加公开透明,从而更好地保障了个体利益。

除去去中心化结构所带来的益处外,区块链所运用的非对称加密技术同样为数据提供了极佳的防护效果。非对称加密是指一种加密与解密所使用的密钥并不相同的加密方法。这类加密算法使用一对完全不同但相互匹配的钥匙——公钥和私钥。当应用非对称加密技术对文件进行保护时,必须使用匹配的公钥和私钥来实现对明文的加密和解密操作。在加密过程中,公钥用于对明文进行加密,而在解密阶段,私钥则是必不可少的。加密者,即信息的发信方,具备解密者(收信方)的公钥,但只有解密者知晓自己的私钥。非对称加密技术通过使用一组密钥,其中一个用于加密,另一个用于解密,公钥是公开的,而私钥则由个体谨慎保管,这样设计不仅避免了像对称加密那样需要在通信开始前同步密钥的问题，同时也增强了整个系统的保密性。因此，非对称加密方法具备更高的安全性，而且密钥长度越长，破解难度就越大。区块链加密装置如图6-2所示。

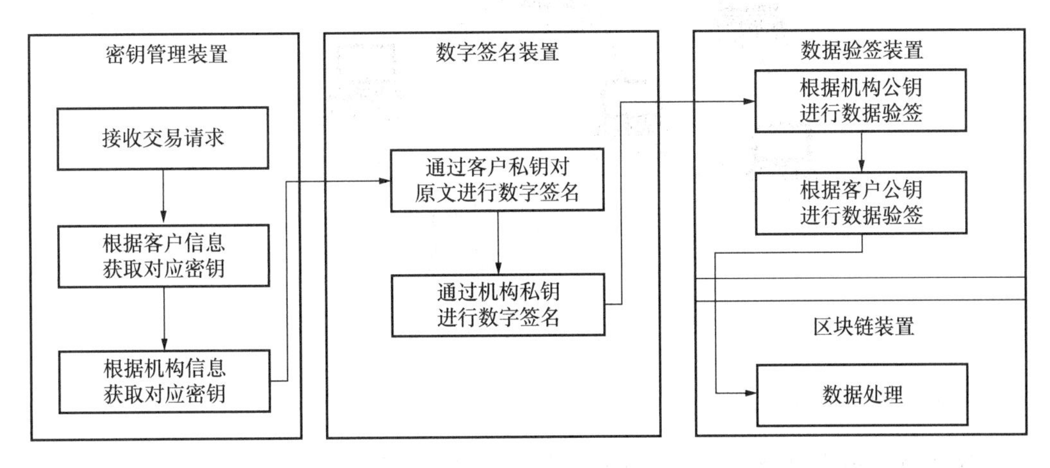

图6-2　区块链加密装置示意图

2. 崩溃恢复

在区块链的运行过程中，难免会遭遇网络波动、硬盘故障等意外情况，导致某些节点的执行速度远远落后于大多数节点的执行速度。在去中心化的结构中，要想恢复数据，通常需要依赖于中心节点的数据存储。然而，一旦中心节点发生故障，只能寄希望于其自身的数据备份机制来进行数据恢复。但是，在去中心化的区块链结构中，数据恢复变得更加容易了。在区块链中，所有节点都具有平等地位(见图6-3)。这些节点都有权限创建和保持数据的完整备份。当一个节点遇到故障时，它可以向其他节点请求数据恢复。为了防止数据被篡改，区块链节点通常使用秘密共享策略来保护私密数据。这个策略的核心思想是将敏感数据分割成多个部分，然后分发给多个参与方共同保管。单个参与者无法获取到完整的隐私数据，只有所有参与者合作才能还原出完整数据。当一个故障节点发起恢复请求时，它可以在区块链中随机选择多个节点，以获取加密的数据片段。解密后，故障节点即可恢复原始数据。每个区块链节点都参与存储数据副本，虽然这会导致数据冗余，但显著提高了区块链的可靠性。基于这个机制，即使某些节点遭受攻击或损坏，其他节点也不会受到影响，并且可以帮助受损节点进行恢复。

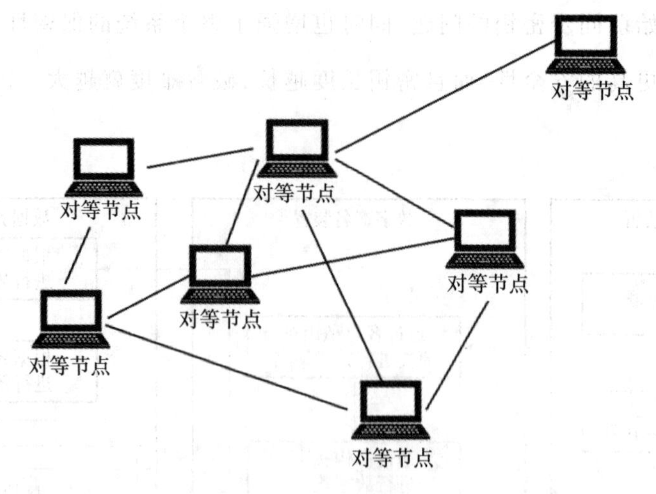

图6-3 对等节点拓扑图

3. 防止数据操纵

区块链的很多机制都保证了区块链的数据难以被操纵。我们可以从全局与单个区块链两个角度去看待这个问题。

首先,从整体角度来看,区块链的P2P架构为数据安全提供了坚实保护。区块链系统构成了一个完全去中心化的P2P网络,在这个网络中,节点不断地加入和离开,而且没有中心节点进行管理。每个节点都依赖算法来维护自己的数据块信息。在数据写入过程中,区块链依靠一种共识机制来决定数据是否可以被写入。简言之,在数据写入之前,涉及交易的各节点会对数据进行验证。因此,为了成功篡改数据,攻击者必须控制区块链中至少51%的节点,同时还需要处理涉及多个用户的私钥问题。鉴于这些因素,攻击者成功篡改数据的可能性极低。

其次,我们再从单个节点的角度来看,成功修改单个节点所需的算力成本是十分巨大的。为便于理解,我们以比特币为例。要想获取某一次交易的记账权,必须满足:恰好通过哈希碰撞,得到了随机数Nonce,使其满足了如下条件:

$$H(\text{block header}) \leqslant \text{target}$$

即哈希列表头部的2次SHA256运算值要满足前面N个bit位都是0。表6-1展示了比特币的区块头部结构。

表6-1 比特币的区块头部结构

字段	描述
版本	4字节数据,版本号
父区块哈希值	32字节数据,父区块数据的哈希值

续表

字段	描述
Merkle根	32字节数据，本区块交易的Merkle树根哈希值
时间戳	4字节数据，区块生产的时间
难度目标	4字节数据，用于调整工作量证明算法中的难度
Nonce	4字节数据，随机数

当攻击者试图篡改数据时，首先需要获得记账权，即通过烦琐的计算来满足前述条件。获得记账权后，如果攻击者更改了数据，那么区块头部的Merkle根部分必然发生变化，从而导致整个头部区块的哈希值发生变化。此时，攻击者需要重新计算Nonce值以满足记账要求。SHA256的值域空间为[0, 2^256]，而Nonce的值域空间仅为[0, 2^32]。这意味着在修改数据后，攻击者很可能无法找到一个合适的Nonce值。

综上所述，在区块链中，修改单个区块的值不仅需要经过算力竞争，甚至还需要一定的运气成分。仅控制单个区块的数据篡改还远远不够，攻击者需要控制全局51%以上的节点并获得大量相关密钥，才有可能实现数据篡改。从数学角度来看，这几乎是不可能的事情。因此，区块链能确保数据不被篡改。

6.1.2 区块链在存储安全的发展

区块链技术在分布式存储软件中的多种应用方式引起了广泛关注。这些应用方式包括以可访问所有文件的方式在网络上分发文件、通过数据加密确保唯一可访问性、将数据拆分成小块等。智能合约作为区块链的一个重要组成部分，可用于确保特定交易在满足特定条件时执行，从而提高了存储的安全性。

为了解决数据存储安全问题，一种根本的方法是将数据直接上链。这需要一个大型、稳定、高效且安全的分布式系统，这也是区块链未来发展的主要目标之一。

6.2 联邦学习与存储安全

6.2.1 联邦学习概述

2017年4月，谷歌首次引入联邦学习概念，这是一种旨在保护数据隐私并合法利用数据的分布式机器学习方法。联邦学习的核心构建包括数据源、中央服务器以及各客户端。整个过程始于中央服务器提供初始模型，随后参与者使用本地数据进行训练，并将本地模型上传至中央服务器。中央服务器负责整合这些模型,再将更新后的初始模型反馈给参与者,反复进行此过程直至模型收敛。在联邦学习框架下,所有参与者地位平等,享有自由选择加入或退出的权利。这一技术有效解决了数据孤岛问题,为机器学习应用提供了更为可行和隐私保护的解决方案。

如图6-4所示,根据对用户数据处理方式的不同,联邦学习可划分为三个主要类型:横向联邦学习、纵向联邦学习和联邦迁移学习。横向联邦学习针对用户数据进行横向分割,旨在通过增加样本数量来提高模型训练的准确性。这种类型适用于业务类型相似但触及不同客户的参与者,例如特征相似但用户重叠少的不同地区银行。相反,纵向联邦学习则对用户数据进行纵向分割,其目的在于通过增加特征数量来提升模型训练的准确性。纵向联邦学习适用于用户重叠多但特征重叠少的情景,比如同一地区的超市和银行,它们接触的用户大体相同但从事不同业务。

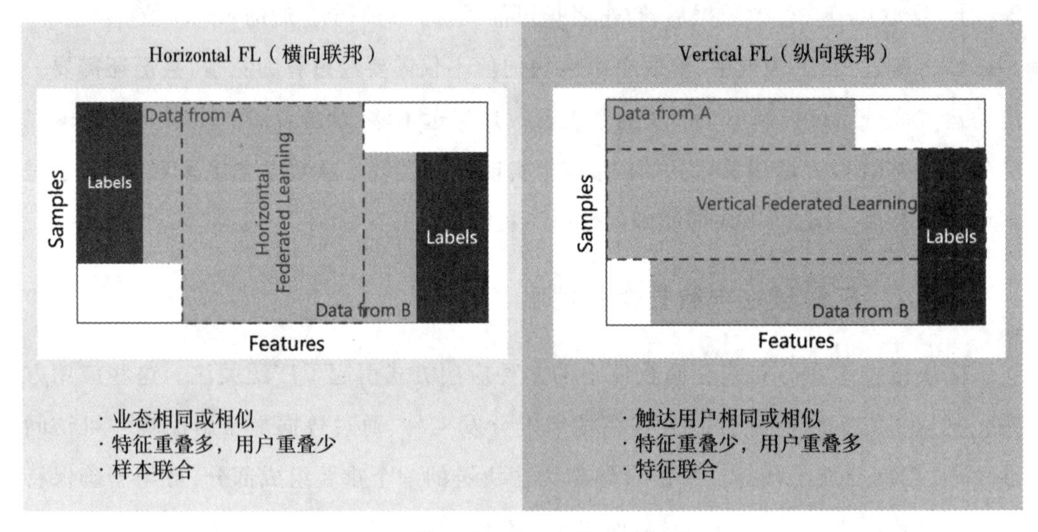

图6-4 横向联邦学习与纵向联邦学习

联邦迁移学习可视为纵向联邦学习的一种特殊情况,其中用户特征维度的重叠部分更为有限。面对数据或标签不足的问题,联邦迁移学习通过运用迁移学习方法来解决,从而在这种严峻的挑战下取得更好的应对效果。

在理想状况下,联邦学习具备以下优势。

(1) 数据保密性。用户只需上传训练后的模型参数,而无需将用于训练的数据本身移出存储位置,这有助于确保参与者的数据安全和隐私受到保护。

(2) 品质保证。通过联邦学习训练的模型的质量不会逊色于集中式数据训练的模型的质量。

(3) 地位平等。所有参与训练的各方地位相同且具有相同权限,不存在一个参与方主导其他参与方的情况。

(4) 独立性。各参与方对自己的数据具有完全的控制权,并可以自由选择加入或退出。这保证了参与各方在维持独立性的前提下,能够对信息和模型参数进行加密交换,并共同取得进步。

6.2.2 联邦学习存在的隐患

理想情况下,尽管联邦学习拥有极大的优越性,但在实际应用中,联邦学习还是暴露出了一些安全隐患。

• 恶意中央服务器。虽然在训练过程中,所有参与方都是平等的,但模型聚合等任务仍然依赖于中心服务器。尽管大部分研究都假定服务器是可信的,但在现实情况中,这并不是绝对的。若中心服务器恶意行事,它可以通过与各参与方的互动,增加泄露参与方隐私的可能性,从而加大数据泄露的风险。通过利用用户发送的梯度信息,恶意的中心服务器能推导出模型的训练数据,从而对用户隐私和数据所有权构成潜在威胁。

• 中毒攻击。在联邦学习中,每个参与方都是独立的个体。中央服务器并不具备验证参与方所使用或发送数据合法性的能力,这可能导致攻击者在联邦学习内部对数据或模型进行投毒。例如,攻击者可以在本地创建有害数据以降低模型性能。或者制造后门数据,使模型在处理包含后门触发器的样本时表现出特定的恶意行为。此外,攻击者还可以针对特定的聚合方法(如平均聚合等)设计上传的模型参数,从而将中央模型替换为恶意模型。图6-5展示了联邦学习架构。

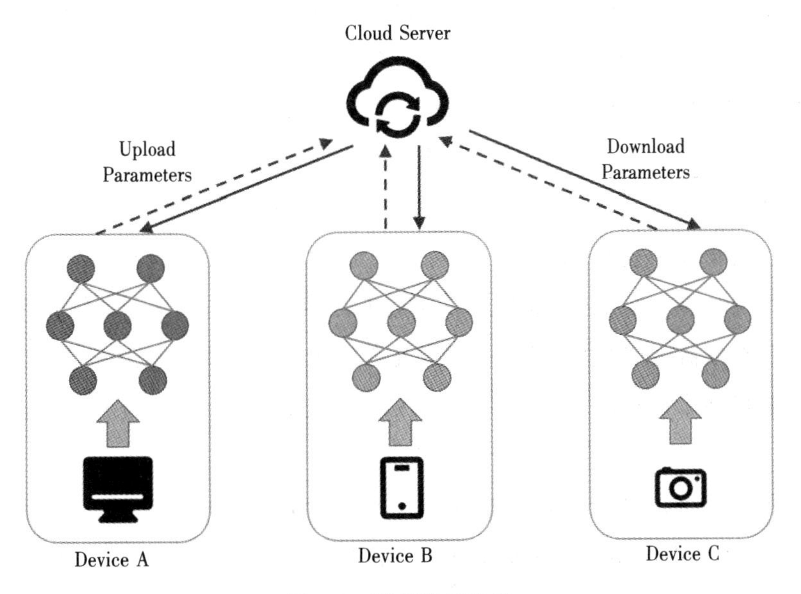

图6-5 联邦学习架构

• 数据泄露。尽管联邦学习在本地进行数据训练时,各参与方相互独立,从而在一定程度上能确保数据的安全,但仍然存在数据泄露的风险。此风险主要体现在恶意参与方可能通过分析中央服务器共享的参数,对其他参与方的部分数据进行推断,实现潜在的数据窃取。在这一背景下,参与方面临着模型提取攻击、模型逆向攻击和成员推理攻击等威胁。

模型提取攻击是指攻击者通过连续向目标模型发送数据,根据响应信息来推测目标模型的参数和功能,从而生成具有相似性能的模型。模型逆向攻击则是攻击者从目标模型的预测结果中提取出目标模型的数据信息。而成员推理攻击则涉及攻击者通过访问目标模型的API接口,获取大量数据并构建相应的"影子"模型。

在这些攻击方式实施的过程中,攻击者并不需要了解目标模型的具体参数、结构、训练方法或数据,只需获得预测分类的置信度。最终,通过构建攻击模型,攻击者利用拥有的数据记录和模型的黑盒访问权限,将数据记录输入该模型,将得到的结果与数据集标签一起输入,从而判断目标模型的数据集是否包含该记录。

6.2.3 防御机制

针对中毒攻击的防御。联邦学习主要通过对所有模型进行过滤来防御中毒攻击。例如,在全局模型聚合之前,对各个客户端提交的向量进行评估。若与所有向量加权平均相差较大,则其可信度较低。此外,还可以通过聚类方法消除异常的参数向量。通常情况下,攻击者上传的恶意梯度与其他梯度的余弦相似度较低。因此,可以通过比较余弦相似度为梯度进行信任评分,并移除信任度较低的向量。

差分隐私。差分隐私是一种基于随机应答策略的隐私保护方法,由Dwork于2008年提出。差分隐私是当前基于扰动的隐私保护方法中安全级别最高的一种,通过严格的数学证明,差分隐私确保在输出信息时,数据集受单条记录的影响保持在某个阈值之下。在联邦学习中,为防止直接发送信息导致信息泄露,差分隐私被引入以有效阻止攻击者反向推导出参与方的相关数据信息。通过引入特定的随机算法,差分隐私向数据添加了适量噪声,使数据模糊化,降低了敏感数据信息泄露的风险。即使攻击者获取了交互的数据,也无法对原始数据进行有效推理。在应用差分隐私时,可在数据传递给中央服务器之前对数据进行处理,无需考虑中央服务器的可信度。这一技术可通过引入随机性来确保隐私,尽管可能会牺牲一定的准确性,但此换取更高的隐私安全,实现了数据的保护。

同态加密。同态加密最早于20世纪70年代由Rivest等学者提出。与传统加密算法不同,同态加密不仅能够完成基本的加密操作,还能在密文之间执行多种计算功能。其独特之处在于实现了数据的"可计算但不可见"特性,即通过在密文上执行计算,得到的密文计算结果在进行相应的同态解密后，等同于对明文数据进行相同的计算。这使得在信息安全方面具有重要意义。同态加密技术的应用可以在对多个密文进行计算后一次性解密，避免为每个密文解密而付出昂贵的计算成本。此外，该技术实现了无需密钥方进行密文计算，从而减少通信成本，能有效平衡各方的计算成本。同态加密技术的另一个重要特点是确保解密方仅能获取最终结果，而无法获取每个密文的信息，提高了信息的安全性。鉴于其在计算复杂性、通信复杂性和安全性方面的优势，越来越多的研究人员致力于同态加密技术的理论研究和应用探索。

安全多方计算。如图6-6所示，安全多方计算(secure multi-party computation, SMC)旨在解决在没有可信第三方的情况下，如何在多个参与方之间安全地执行预定的计算任务。该方法为众多应用，如电子选举、门限签名和电子拍卖，提供了密码学基础。姚期智教授的经典问题，即两个不透露财富的富翁如何判断谁更富有，演化为了现今的SMC。SMC的关键目标是在不共享原始数据的前提下，通过多方合作获得所需的计算结果。安全多方计算采用每次随机加密的方式，确保加密数据不可重复使用，同时通过在加密数据上进行运算，有效避免了原始数据的泄露。在每次计算之前，需确定参与方，并确保所有参与方共同协作，以获取数据的价值而不泄露原始数据。利用安全多方计算技术对模型梯度更新能够有效降低信息泄露的风险。

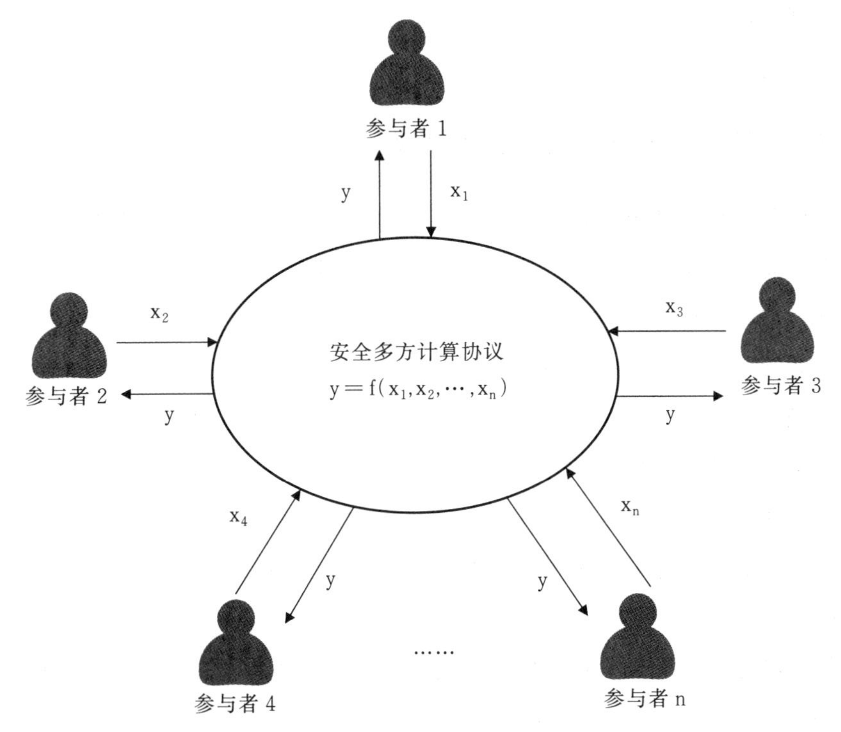

图6-6 安全多方计算示意图

6.2.4 总结

联邦学习是机器学习中比较新的研究方向。联邦学习的设想是优美的，它能够充分利用各个小型用户的数据解决数据孤岛问题。同时，在计算过程中，数据始终保持在本地，而且参与者可以随时选择加入或退出训练过程，这在很大程度上确保了用户数据隐私的安全性。随着物联网、5G甚至6G时代的到来，联邦学习将在各个领域得到广泛应用。然而，目前联邦学习在某些细节设计方面仍存在许多缺陷，这些缺陷可能会影响用户的隐私安全、模型性能和使用安全等。因此，未来关于联邦学习的研究仍有很多值得探讨的课题。随着研究的不断深入，联邦学习必将在众多领域展现其独特魅力。

6.3 人工智能与存储安全

近几年中，我们已经走进了一个全民AI的时代。人工智能模型所展现出的强大能力吸引了不同领域的目光。利用AI模型替代低效的手工模式已经成为不少领域解决问题的范式，存储安全领域也是如此。接下来，我们将介绍人工智能与存储安全任务相结合的案例。

6.3.1 基于人工智能的入侵检测系统

入侵检测系统在网络系统中扮演着重要角色，其主要目标是确保网络数据的完整性、可用性和保密性，使其免受攻击的侵害。1983年，Dorothy Denning和Peter Neumann在斯坦福研究所受到海军资助，为大型计算机共同开发了一套在线入侵检测系统。这个系统与传统的防火墙有所不同，采用了现在广泛应用的基于数据挖掘分析系统日志的技术，被视为最早实际应用的入侵检测系统。1990年，Heberlein等人首次将网络流量数据作为入侵检测数据源，将软件嵌入硬件中，实时、高效地分析和检测网络数据。这表明入侵检测系统自诞生伊始就与数据挖掘、流量分析和日志分析等技术密切相关。这也为后来蓬勃发展的机器学习、深度学习等技术在入侵检测领域的应用奠定了基础。

入侵检测是网络安全领域的核心任务，主要采用两种方法：异常检测和误用检测。在异常检测模型中，防御者需要提前总结正常操作的特征，一旦用户活动与正常行为存在显著偏差，就可能被判定为一次入侵。而误用检测则通过收集非正常操作的行为特征，并建立相应的特征库，当检测到的行为与库中的记录相匹配时，系统会将其识别为入侵。从整体上看,入侵检测任务可以视为一个二分类问题,即判断特定行为是否属于入侵行为。

在机器学习算法中,有监督学习和无监督学习是两大主要方向。典型的无监督学习方法是各种聚类方法,如K-means、DBSCAN等,而有监督学习方法则涵盖KNN、SVM、朴素贝叶斯、决策树和人工神经网络等。此外,深度学习方法的引入也在入侵检测领域逐渐受到关注,包括卷积神经网络、长短时记忆网络和自编码器等,为提高入侵检测的准确性和鲁棒性提供了新的可能性。

如今,基于机器学习和深度学习的入侵检测方法已取得了一定的研究进展,但仍存在一些不足之处。大多数现有的神经网络模型并非专为入侵检测而设计,因此,直接应用这些模型可能难以有效地提取网络数据的特征。目前,一些研究正尝试通过对数据进行特定的预处理来实现高效的特征提取。总的来说,虽然人工智能在入侵检测领域已取得了相当不错的成果,但其潜力尚未完全发挥出来。我们期待未来的研究能为入侵检测领域带来新的突破。

6.3.2　基于人工智能的恶意代码检测系统

恶意软件是一种破坏性的程序或代码,隐藏在操作系统中,意在破坏计算机的正常运行、窃取数据和消耗系统资源。它们通过各种途径如利用网络、计算机系统和程序漏洞传播并发送具有破坏性的程序,从而威胁计算机系统安全并窃取用户信息或机密数据。恶意软件的种类包括但不限于木马、蠕虫、APT攻击、病毒、恶意网页脚本以及勒索软件等所有具有恶意特性的程序或代码。

传统的恶意软件检测方法是基于特征码检测。这种方法主要针对恶意行为的累积与检测,通过构建特定的签名库,将待检测的恶意软件与签名库进行对比检测。尽管特征码检测技术效率较高且快速,但它只能检测与之匹配的恶意软件,而且后期的更新与维护需要大量资源。此外,攻击者可以通过加密或混淆签名等简单方式绕过检测机制。

随着机器学习和深度学习技术的持续发展,研究人员开始尝试将这些技术应用于恶意软件检测任务。深度学习方法在恶意软件检测中具有优势,因为这些算法在处理大量数据样本方面表现出色,数据量越大,模型训练得越优化。此外,在恶意软件特征提取方面,利用深度学习方法可以避免手动特征提取所带来的繁重工作负担。因此,采用深度学习算法进行恶意软件检测能够提高检测的准确性并降低误报率。

分析恶意代码的方法主要有两种:静态分析和动态分析。静态分析是恶意代码检测的第一道屏障。这种方法无需运行程序,而是通过反汇编、反编译等途径提取操作码或其他特征,从而识别恶意代码。例如,可以提取汇编指令、PE结构内的特定函数以及系统API调用等作为恶意代码的特征码。早期,基于机器学习的方法要求防御者手动提取操作码特征,并为每个操作码分配相应的权重值,然后运用决策树、支持向量机、朴素贝叶斯等算法对提取的特征进行学习。这些方法对防御者的静态分析能力要求较高,需要防御者能够提取出高质量的特征码数据。随着深度学习领域的发展和完善,利用深度学习框架自动提取特征的方法逐渐成为主流。例如,Saxe等人使用前馈神经网络直接对恶意代码字符串的静态信息进行检测分类。而Huang等人则使用四层前馈神经网络,通过多任务深度学习架构直接对二进制文件和恶意代码家族进行分类。

动态分析通常将可疑文件移到虚拟机环境中,在一个严格控制的环境(也称沙盒)中运行它,可以观察其行为并收集情报。与静态分析相比,动态分析更擅长发现恶意代码中的漏洞行为,但需要大量的计算和存储资源,且扩展性较差。通常,防御者会以恶意代码的API调用序列为依据进行检测。Kolosnjaji等人采用动态分析与神经网络相结合的方法,使用卷积层和循环层相结合的架构,利用动态分析中获取的行为日志信息进行恶意代码分类。这种方法在恶意代码分类任务上获得了相当高的准确率。然而,动态分析所需的严格条件仍是限制该方法的主要因素。

当前,基于深度学习的恶意代码检测仍处于探索阶段,面临着许多挑战。例如,特征提取不足可能导致对未知恶意代码的误报。此外,大部分基于机器学习的特征提取都是手动进行的,工作量巨大,因而增加了漏报的几率。最后,在恶意代码的二分类和家族多分类中,大部分检测模型都是在原有的基础上对参数进行调优,以达到最佳效果。

6.3.3 人工智能的安全

前面我们介绍了两个人工智能在安全领域的应用场景,人工智能技术确实为传统的安全问题提供了高效的解决方案。但是最近的研究表明,AI模型自身存在着一些安全隐患。这些安全隐患可能会给应用到AI模型的场景带来新的安全风险。下面将介绍几种经典的AI安全隐患。

对抗样本攻击。Szegedy等人首次提出了对抗样本的概念,这种样本通过向输入数据添加微小扰动,导致模型以较高的置信度输出错误的结果。在计算机视觉任务中,这类扰动通常表现为噪声。在NLP任务中,扰动也可以是替换一个或多个同义词。如图6-7所示,攻击者在原始图片中添加了几乎肉眼无法察觉的扰动,使得模型将原本的阿尔卑斯山错误分类为狗,将河豚错误分类为螃蟹。对抗样本攻击是一种在模型部署后阶段进行的攻击方法。根据攻击者获取到的系统模型架构、参数和训练数据情况,对抗样本攻击可以被划分为白盒攻击与黑盒攻击两种模式。在白盒攻击场景下,攻击者可获取的信息较多，与模型交互次数不受限制。因此，白盒攻击主要采用基于优化的算法，如基于梯度优化的FGSM算法、基于差分演化的算法等。相较于白盒攻击，黑盒攻击只能获取有限的信息。根据攻击方式的不同，黑盒攻击可大致分为三类：基于梯度估计、基于迁移性和基于局部搜索的攻击。

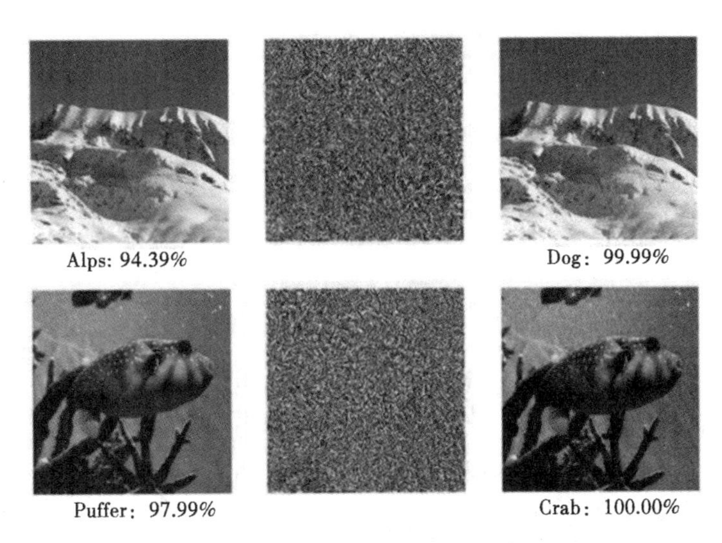

图6-7　对抗样本攻击示例

对抗样本攻击仅需利用模型建立后可获得的信息就能实现对模型的攻击，对于某些黑盒攻击方法，所需信息更小。扰动可做到微小且不易被察觉，甚至有研究显示，仅通过修改一个像素就能改变模型的输出。这种隐蔽性不仅存在于视觉任务中，在NLP领域同样如此。例如，攻击者可以通过替换同义词生成对抗样本，这对用户来说同样难以察觉。此外，对抗样本具有一定的迁移性，即针对某个模型优化生成的对抗样本在面对其他不同的模型时也能实现类似的攻击效果。总之，对抗样本攻击能够在较低的知识成本下对模型造成干扰或逃避，这对基于人工智能的系统构成巨大威胁。

后门攻击。后门攻击是一种训练时间攻击，可以通过使用预先设计的触发模式毒害一小部分训练数据来操纵目标模型的预测。预测时，模型在遇到带有触发器的输入时会按照攻击者设计的输出模式进行输出，而当其遇到没有触发器的输入时，模型又可以正常地输出正确的结果。根据攻击者植入后门的手段，我们可以将后门攻击方法分为数据投毒攻击和模型投毒攻击。

在数据投毒攻击中，攻击者通过向原有的干净数据集中插入一小部分后门数据来向模型植入触发器。根据后门数据的样式，我们还可以将其分为脏标签攻击（dirty label attack）和干净标签攻击（clean label attack）。脏标签攻击会在数据的样本中植入特定的触发器，同时将其对应的标签修改为特定的目标标签。在预测阶段，模型就会将带有触发器的样本全部识别为目标标签的类别。干净标签攻击与脏标签攻击不同，这种场景下攻击者只被允许修改数据样本，而不被允许修改数据的标签。

在模型投毒攻击中，攻击者不修改训练数据，而是直接控制模型的训练过程或者直接修改模型的参数。同样，经过上述过程训练出来的模型在接收到带有后门触发器的数据时会按照攻击者设定的目标进行输出。

后门攻击可能会对人工智能的应用场景带来十分严重的安全威胁，攻击者可以以几乎任意的形式对模型的输出进行操纵。以恶意代码检测的场景举例。攻击者可以以某个代码特征作为后门，使得检测模型在遇到带有这种代码段的代码时就将其归为正常代码，这样攻击者就可以轻而易举地逃避模型的检测。图6-8展示了后门攻击在物理世界中的攻击效果。

图6-8 后门攻击在物理世界中的攻击效果

此外，模型对于后门触发器的学习往往还带有一定的泛化能力。如图6-8所示，攻击者以数字的方法向训练图片中植入了一个黄色色块。在预测时，攻击者在现实的标识牌上贴上了一张黄色的贴纸，模型仍旧能够成功地检测到后门并且输出对应的后门标签。总之，深度学习模型强大的学习能力赋予了模型额外学习后门任务的能力，给其自身带来了巨大的安全隐患。

6.3.4 总结

人工智能模型依靠其强大的能力已经融入了众多应用场景当中，其中不乏很多有关存储安全的应用场景。然而，AI模型本身的安全隐患始终是悬在AI应用头上的达摩克利斯之剑。在享受人工智能模型的强大能力时，我们也需要考虑AI安全因素可能带来的诸多隐患。

6.4 存储安全案例探讨

本节将共同探讨几个存储安全的案例。

6.4.1 区块链在云存储中的应用

当前,国内涌现了多家云存储系统,典型的如百度云、腾讯云、夸克云等。在区块链云存储架构下,用户通过向服务提供商的中心存储服务器上传数据来实现存储。然而,这种架构的安全性存在显著隐患,一旦中心存储服务器的防护系统遭到黑客攻破,就可能导致用户数据遭到未经授权的获取、篡改或删除,从而产生重大安全风险。此外,传统云存储服务采用中心化数据库,使得服务器管理员拥有较大的权限,能够更改、删除用户的存储记录,进而引发存取记录的错误,降低整体安全性。

随着区块链技术和对等网络技术的迅猛发展,基于区块链云存储项目的蓬勃发展,典型代表有Filecoin、Sia、Storj等。这些项目具备去中心化的特性,各节点(包括存储节点)在区块链网络中能够实现自治,用户数据的管理不再受制于管理员。相对于传统的中心化云存储,基于区块链的云存储极大地减少了监管环节,避免了用户数据误判违规而遭删除的问题,并显著降低了黑客攻击的风险,从而提升了数据的安全性。以Filecoin项目为例,用户上传文件后,通过智能合约将文件切片并存储到矿工的硬盘中,相关交易和哈希地址等信息被记录在区块链账本中。在文件下载过程中,用户通过区块链账本查询文件信息,随后从对等网络存储节点中获取文件,这一机制相较于传统的中心化云存储,显著提升了云存储的可扩展性和数据安全性。图6-9展示了区块链云存储架构。

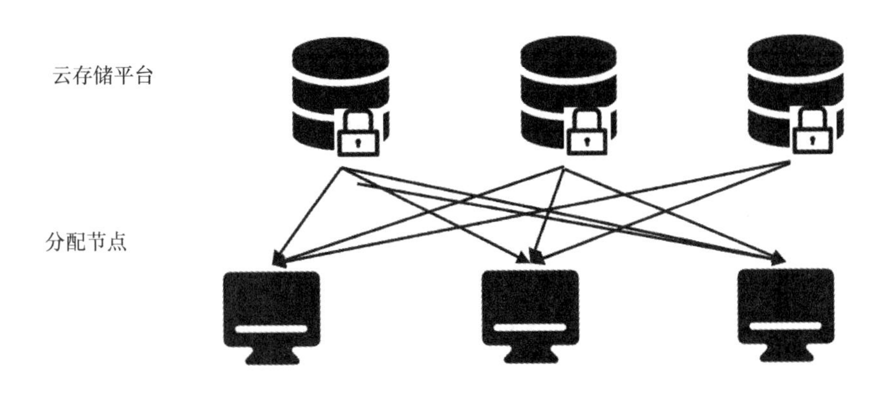

构造区块

前一个区块

前一个区块	时间戳	随机数	目标哈希
文件存储节点地址(加密后)			

后一个区块

图6-9 区块链云存储架构

然而,基于区块链的云存储方法面临一系列挑战。主要问题之一是硬件,因为矿工使用的设备质量不一,可能导致硬盘损坏,进而引发用户数据的丢失。此外,许多矿工可能在家中从事工作,这会导致网络质量存在差异,可能引发网络中断,从而影响用户对数据的访问。尽管Filecoin项目实施了矿工抵押代币的制度,但矿机管理的严格程度可能存在不足,矿工有可能选择放弃抵押代币并停止挖矿,进而导致用户数据的遗失。在Filecoin项目中,用户的数据分布在多个矿工节点上,确保用户存储的数据能够被成功获取仍然是一个亟待解决的问题。

6.4.2　联邦学习在医疗领域的应用

医疗机构在医学研究、临床诊断和医疗服务等领域对多维度医疗数据的统计分析和数据挖掘有着巨大需求。然而,这些关键在于各医疗机构需要拥有丰富维度的大量个人健康医疗数据。医疗数据具有大规模样本数量、多维特征和高信息价值等特点,符合医疗机构进行医学研究的要求。尽管如此,在医疗机构间数据共享和流通方面仍然存在较大的瓶颈。医疗数据共享面临的主要难题有以下三个方面:

(1) 跨医疗机构的数据采集和整合过程相当困难。不同病例的类似疾病以及同一患者不同症状的大量诊疗数据通常分散在各医疗机构,而各医疗机构对自己的医疗数据开放共享的意愿有限。

(2) 各医疗机构在数据存储标准方面存在差异,如数据结构、特征定义和编码方式等。这使得不同医疗机构之间的数据融合过程变得相当困难。

(3) 跨医疗机构的数据联合应用具有很大的挑战性。用户个人的医疗数据信息属于高度机密的数据,涉及用户重要的隐私信息。当面对个人隐私保护和数据安全要求时,许多医疗机构缺乏合理的方法来应用和管理复杂的诊疗数据。

联邦学习技术的应用可有效协助多个医疗机构在保护用户隐私数据并满足政府相关法规要求的前提下,实现多方数据整合和联合机器学习建模。联邦学习允许各医疗数据参与方在不共享原始数据的情况下,通过加密算法实现联合建模,从技术角度解决数据孤岛问题,实现医疗大数据AI合作。因此,联邦学习模式在医疗领域符合跨机构进行生物医疗大数据联合分析的需求,既保证了医疗机构对个人患者数据的隐私安全,又提高了医疗数据模型应用分析的准确性。

以联邦学习的实际应用为例,假设某地区的医疗机构A与医疗机构B希望进行数据合作,通过共享数据构建一个特定疾病预测模型,以提高疾病诊断率。两个医疗机构拥有相同区域的用户样本数据,但各自掌握不同维度的研究病例特征数据。此外,医疗机构A还具有模型所需的预测标签数据。由于数据涉及个人隐私保护问题,医疗机构A和医疗机构B无法直接进行数据交换。然而,引入联邦学习后,可以在确保双方原始数据不离开本地的情况下,通过加密算法对医疗样本数据进行对齐求交,并共享双方特征指标进行模型训练,直至达到预期的模型性能指标,从而生成实际应用场景下的疾病预测模型,有效提高医疗机构的诊断服务水平。

联邦学习在医疗大数据领域的应用不仅可以训练生成疾病预测模型,还可以扩展至更多的应用场景,如分诊诊疗、慢性病管理、疾病早期筛查和医疗费用控制等。未来,联邦学习在医疗领域的应用范围将逐步扩大,其核心价值将不断凸显,有效提升医疗机构的服务质量,推动医疗健康产业的快速发展。

6.4.3 基于AI的漏洞分析

安全漏洞是指计算机系统、软件程序或网络中存在的错误、缺陷或设计上的弱点,使得攻击者可以利用这个漏洞来绕过系统的安全机制,进而获取未经授权的访问、执行恶意操作或获取敏感信息。安全漏洞可能存在于操作系统、应用程序、网络协议、数据库等各个层面。安全漏洞的存在可能是由于程序编码错误、设计不当、配置问题或者未及时修复已知的安全问题。攻击者可以通过利用这些漏洞,执行各种攻击,如拒绝服务攻击、远程执行代码、注入恶意代码等。一旦安全漏洞被攻击者利用,系统或软件就可能受到损害,包括数据泄露、系统崩溃、恶意软件感染等。因此,安全漏洞的及时发现和修复对于维护计算机系统和网络安全至关重要。

近年来,人工智能领域取得了许多突破性进展。以ChatGPT为代表的一系列大模型成了当下计算机科学研究的热点。这一类大模型在众多信息处理任务上都展现出了卓越的性能。在系统安全领域,人工智能技术也被应用于恶意代码检测、入侵检测等多个领域,并且取得了优异的性能。目前,人工智能技术正逐渐应用于安全漏洞检测领域。在这方面,人工智能技术可以全面地、自动化地提取漏洞信息。人工智能技术的监督学习能力比较适用于安全漏洞研究工作,包括数据处理、算法模型构建、训练、测试和评估等方面,能够精准高效地构建漏洞模型,并自适应地学习应对各种漏洞的处理方法。因此,人工智能技术在安全漏洞领域具有广阔的应用前景。目前,人工智能已经在自动化安全漏洞挖掘、人工智能技术与程序分析,以及自动化漏洞利用等方向上取得了巨大突破。

参考文献

[1] Méndez A P, López R M, Millán G L. Providing efficient SSO to cloud service access in AAA - based identity federations[J]. Future Generation Computer Systems, 2016, 58(C): 13-28.

[2] Liu Wenyi, Uluagac A S, Beyah R. MACA: A privacy-preserving multi-factor cloud authentication system utilizing big data[C]//Proceedings of the 2014 IEEE Conference on Computer Communications Workshops (INFOCOM WKSHPS). Toronto: IEEE, 2014:518-523.

[3] 张文喆.基于NVRAM的存储管理和容错技术研究[D].国防科学技术大学,2017.

[4] 黄方亭.相变存储器内存系统的安全保障方法研究[D].华中科技大学,2017.

[5] Hoseinzadeh M, Swanson S. Corundum: Statically-enforced persistent memory safety[C]//Proceedings of the 26th ACM International Conference on Architectural Support for Programming Languages and Operating Systems. 2021: 429-442.

[6] Huang F, Feng D, Hua Y, et al. A wear-leveling-aware counter mode for data encryption in non - volatile memories[C]//Design, Automation & Test in Europe Conference & Exhibition (DATE), 2017. IEEE, 2017: 910-913.

[7] 何炎祥,陈木朝,李清安等.PCRAM损耗均衡研究综述[J].计算机学报,2018,41(10):2295-2317.

[8] Lastpass事件调查:黑客在云存储漏洞中窃取了保险库数据-51CTO.COM.

[9] 10 Major Cloud Storage Security Slip-Ups (So Far) this Year (darkreading.com).

[10] 可能是最严重的云存储数据外泄事故之一:微软承认服务器错误配置导致全球客户数据泄露_云计算_罗燕珊_InfoQ精选文章.

[11] Yang P, Xiong N, Ren J. Data security and privacy protection for cloud storage: A survey[J]. IEEE Access, 2020, 8: 131723-131740.

[12] Ouaddah A, Mousannif H, Abou Elkalam A, et al. Access control in the Internet of Things: Big challenges and new opportunities[J]. Computer Networks, 2017, 112: 237-262.

[13] 周海燕.计算机安全管理的数据备份和恢复[J].计算机与网络,2021,47

(19):51.

[14] 一文读懂十大数据存储加密技术 - 安全内参 | 决策者的网络安全知识库(secrss.com).

[15] 马梦雨, 陈李维, 孟丹. 内存数据污染攻击和防御综述[J]. 信息安全学报, 2017, 2(4):17.

[16] 石华珅. 云存储系统中数据冗余存储策略的研究[D]. 上海交通大学, 2016. DOI:10.27307/d.cnki.gsjtu. 2016.002542.

[17] 徐迪迪. 面向分布式数据存储系统可靠性的评估与增强技术研究[D]. 陕西:西安电子科技大学, 2015. DOI:10.7666/d.D01067761.

[18] Harinath D, Satyanarayana P, Murthy M R. A review on security issues and attacks in distributed systems[J]. Journal of Advances in Information Technology, 2017, 8(1).

[19] 邓宗永, 张鹏. 固态硬盘数据销毁技术综述[J]. 电脑知识与技术, 2018, 14(28):239-240.DOI:10.14004/j.cnki.ckt.2018.3337.

[20] 熊金波, 张媛媛, 李凤华, 李素萍, 任君, 姚志强. 云环境中数据安全去重研究进展[J]. 通信学报, 2016, 37(11):169-180.

[21] 陈律君. 面向云存储的安全删除技术研究[D]. 重庆邮电大学, 2022.

[22] Gutmann P. Secure deletion of data from magnetic and solid-state memory[C]//Proceedings of the Sixth USENIX Security Symposium, San Jose: USENIX Security Symposium, 1996: 77-89.

[23] Paul M., Saxena A. Proof of erasability for ensuring comprehensive data deletion in cloud computing[C]//International Conference on Network Security and Applications. Berlin: Springer, 2010: 340-348.

[24] Perito D., Tsudik G. Secure code update for embedded devices via proofs of secure erasure[C]//European Symposium on Research in Computer Security. Berlin: Springer, 2010: 643-662.

[25] Luo Yuchuan, Xu Ming, Fu Shaojing, et al. Enabling assured deletion in the cloud storage by overwriting[C]//Proceedings of the 4th ACM international workshop on security in cloud computing. Xian: ACM, 2016: 17-23.

[26] Tang Bo, Chen Zhen, Hefferman G., et al. Incorporating intelligence in fog computing for big data analysis in smart cities[J]. IEEE Transactions on Industrial informatics, 2017, 13(5): 2140-2150.

[27] Hu Pengfei, Ning Huansheng, Qiu Tie, et al. Fog computing based face identification and resolution scheme in internet of things[J]. IEEE transactions

on industrial informatics, 2016, 13(4): 1910-1920.

[28] Perlman R. File system design with assured delete[C]//Third IEEE International Security in Storage Workshop. San Francisco: IEEE, 2005: 6-88.

[29] Geambasu R., Kohno T., Levy A., et al. Vanish: Increasing data privacy with selfdestructing data[C]//18th USENIX Security Symposium. Montreal: USENIX Security Symposium, 2009: 299-350.

[30] Tang Yang, Patrick P., John C., et al. Secure overlay cloud storage with file assured deletion[J]. Computer Science and Engineering Monday, 2010, 11 (50): 25-30.

[31] Xiao Yang, Rayi V., Sun Bo, et al. A survey of key management schemes in wireless sensor networks[J]. Computer Communications, 2007, 30(12): 2314-2341.

[32] Perito D., Tsudik G. Secure code update for embedded devices via proofs of secure erasure[C]//European Symposium on Research in Computer Security. Athens: Springer, 2010: 643-662.

[33] Yang Changsong, Chen Xiaofeng, Xiang Yang. Blockchain-based publicly verifiable data deletion scheme for cloud storage[J]. Journal of Network and Computer Applications, 2018, 103: 185-193.

[34] Zhang Zhiwei, Tan Shichong, Wang Jianfeng, et al. An associated deletion scheme for multi-copy in cloud storage[C]//International Conference on Algorithms and Architectures for Parallel Processing. Berlin: Springer, 2018: 511-526.

[35] Reardon J., Ritzdorf H., Basin D., et al. Secure data deletion from persistent media[C]//Proceedings of the 2013 ACM SIGSAC Conference on Computer & Communications Security. New York: ACM, 2013: 271-284.

[36] The Future of Data: Data Age 2025. https://www.seagate.com/files/ www-content/our-story/trends/files/data-age-2025-white-paper-simplified-chinese.pdf, 2017.

[37] Meyer D T, Bolosky W J. A study of practical deduplication[C]//Proc of the 9th USENIX Conference on File and Storage Technologies, San Jose, USA, 2011: 229-241.

[38] Wallace G, Douglis F, Qian H, et al. Characteristics of backup workloads in production systems[C]//Proc of the 10th USENIX Conference on File and Storage Technologies, San Jose, USA, 2012:1-14.

[39] Douceur J R, Adya A, Bolosky W J, Simon P, Theimer M. Reclaiming space from duplicate files in a serverless distributed file system. Proceedings 22nd International Conference on Distributed Computing Systems, Vienna, Austria, 2002:617-624.

[40] Harnik D, Pinkas B and Shulman-Peleg A, Side Channels in Cloud Services: Deduplication in Cloud Storage. IEEE Security & Privacy, 2010:40-47.

[41] Lee S and Choi D, Privacy - preserving cross - user source - based data deduplication in cloud storage. 2012 International Conference on ICT Convergence (ICTC), Jeju, Korea (South), 2012:329-330.

[42] Rabotka V, Mannan M. An evaluation of recent secure deduplication proposals [J]. Journal of Information Security and Applications, 2016, 27: 3-18.

[43] Shin Y, Kim K. Differentially private client-side data deduplication protocol for cloud storage services[J]. Security and Communication Networks, 2015, 8(12): 2114-2123.

[44] Cox P L, Murray D C, Noble D B. Pastiche: Making backup cheap and easy [J]. ACM SIGOPS Operating Systems Review, 2002, 36(SI):285-298.

[45] Bellare M, Keelveedhi S, Ristenpart T. Message-locked encryption and secure deduplication[C]//Proc of the Annual International Conference on the Theory and Applications of Cryptographic Techniques. Athens, Greece, 2013: 296 -312.

[46] Shin Y, Koo D, Hur J. A survey of secure data deduplication schemes for cloud storage systems[J]. ACM computing surveys (CSUR), 2017, 49(4): 1-38.

[47] Puzio P, Molva R, Önen M, et al. ClouDedup: Secure deduplication with encrypted data for cloud storage[C]//Proc of the 2013 IEEE 5th International Conference on Cloud Computing Technology and Science. Bristol, UK, 2013, 1: 363-370.

[48] Yu C M, Gochhayat S P, Conti M, et al. Privacy aware data deduplication for side channel in cloud storage[J]. IEEE Transactions on Cloud Computing, 2018, 8(2): 597-609.

[49] Ha G, Chen H, Jia C, et al. Threat model and defense scheme for side-channel attacks in client - side deduplication[J]. Tsinghua Science and Technology, 2022, 28(1): 1-12.

[50] Zuo P, Hua Y, Wang C, et al. Mitigating traffic-based side channel attacks in bandwidth-efficient cloud storage[C]//Proceedings of the 2017 Symposium on Cloud Computing. 2017: 638-638.

[51] Dwork C, Lei J. Differential privacy and robust statistics[C]//Proceedings of

the forty-first annual ACM symposium on Theory of computing. 2009: 371-380.
[52] 庞婷.支持模糊匹配的云存储加密数据去重复机制的研究[D].西安电子科技大学,2017.
[53] 张桂鹏,陈平华.一种混合云环境下基于Merkle哈希树的数据安全去重方案[J].计算机科学,2018,45(11):187-192+203.
[54] 陈玉平,刘波,林伟伟,程慧雯.云边协同综述[J].计算机科学,2021,48(03):259-268.
[55] 云边协同关键技术态势研究报告[OL], 2021, http://www.ecconsortium.org/.
[56] Lakshminarayana D H, Philips J, Tabrizi N. A survey of intrusion detection techniques[C]//2019 18th IEEE International Conference On Machine Learning And Applications (ICMLA). IEEE, 2019: 1122-1129.
[57] Zipperle, Michael, et al. "Provenance-based intrusion detection systems: A survey." ACM Computing Surveys 55.7 (2022): 1-36.
[58] Moreau L, Freire J, Futrelle J, et al. The open provenance model[J]. 2007.
[59] Herschel, Melanie, Ralf Diestelkämper, and Houssem Ben Lahmar. "A survey on provenance: What for? What form? What from?." The VLDB Journal 26 (2017): 881-906.
[60] Pasquier T, Han X, Goldstein M, et al. Practical whole-system provenance capture[C]//Proceedings of the 2017 Symposium on Cloud Computing. 2017: 405-418.
[61] Li, Zhenyuan, et al. "Threat detection and investigation with system-level provenance graphs: a survey." Computers & Security 106 (2021): 102282.
[62] Han, Xueyuan, Thomas Pasquier, and Margo Seltzer. "Provenance-based intrusion detection: opportunities and challenges." 10th {USENIX} Workshop on the Theory and Practice of Provenance (TaPP 2018). 2018.
[63] Chapman, Adriane P., Hosagrahar V. Jagadish, and Prakash Ramanan. "Efficient provenance storage." Proceedings of the 2008 ACM SIGMOD international conference on Management of data. 2008.
[64] Glavic, Boris. "Data provenance." Foundations and Trends® in Databases 9.3-4 (2021): 209-441.
[65] Xie, Yulai, et al. "A hybrid approach for efficient provenance storage." Proceedings of the 21st ACM international conference on Information and knowledge management. 2012.

[66] Xie Y, Feng D, Tan Z, et al. Unifying intrusion detection and forensic analysis via provenance awareness[J]. Future Generation Computer Systems, 2016, 61: 26-36.

[67] 谢雨来. 溯源的高效存储管理及在安全方面的应用研究[D]. 华中科技大学, 2013.

[68] Xie Y, Feng D, Hu Y, et al. Pagoda: A hybrid approach to enable efficient real-time provenance based intrusion detection in big data environments[J]. IEEE Transactions on Dependable and Secure Computing, 2018, 17(6): 1283-1296.

[69] Xie Y, Wu Y, Feng D, et al. P-Gaussian: Provenance-Based Gaussian Distribution for Detecting Intrusion Behavior Variants Using High Efficient and Real Time Memory Databases[J]. IEEE Computer Architecture Letters, 2019 (01): 1-1.

[70] Lakshminarayana, Deepthi Hassan, James Philips, and Nasseh Tabrizi. "A survey of intrusion detection techniques." 2019 18th IEEE International Conference On Machine Learning And Applications (ICMLA). IEEE, 2019.

[71] Kyu Hyung Lee, Xiangyu Zhang, and Dongyan Xu. 2013. LogGC: Garbage collecting audit log. In Proceedings of the 2013 ACM SIGSAC Conference on Computer & Communications Security (CCS'13). Association for Computing Machinery, New York, NY, USA, 1005-1016.

[72] Adam Bates, Dave Jing Tian, Grant Hernandez, Thomas Moyer, Kevin R. B. Butler, and Trent Jaeger. 2017. Taming the costs of trustworthy provenance through policy reduction. ACM Transactions on Internet Technology 17, 4 (2017).

[73] Yutao Tang, Ding Li, Zhichun Li, Mu Zhang, Kangkook Jee, Xusheng Xiao, Zhenyu Wu, Junghwan Rhee, Fengyuan Xu, and Qun Li. 2018. NodeMerge: Template based efficient data reduction for big-data causality analysis. In Proceedings of the 2018 ACM SIGSAC Conference on Computer and Communications Security (CCS'18). Association for Computing Machinery, New York, NY, USA, 1324-1337.

[74] Emilie Lundin and Erland Jonsson. 2000. Anomaly-based intrusion detection: Privacy concerns and other problems. Computer Networks 34, 4 (2000), 623-640.

[75] Xie Y, Feng D, Hu Y, et al. Pagoda: A hybrid approach to enable efficient real-

time provenance based intrusion detection in big data environments[J]. IEEE Transactions on Dependable and Secure Computing, 2018, 17(6): 1283-1296.

[76] "Redis," https://redis.io/.

[77] 韩程凯．联邦学习在时空领域的应用[EB/OL]. [2024-09-21]. https://saf8fe3b8eb300165. jimcontent. com/download/version/1701759896/module/12547806312/name/3rd_%E9%9F%A9%E7%A8%8B%E5%87%AF_%E6%97%B6%E7%A9%BA%E8%81%94%E9%82%A6%E5%AD%A6%E4%B9%A0.pdf.

[78] CERN:大型強子对撞机[EB/OL][2024-9-21]https://case.ntu.edu.tw/blog/?p=29396.